翰墨遗香

线装藏书馆

全四卷

卷三

龙文鞭影

明·萧良有 著
郑红峰 编

中国言实出版社

第三卷

一先

飞凫叶令　驾鹤缑仙

【浅释】相传东汉时河南叶县令王乔，为河东人，精通法术。他去京师，不需要车马，抵达后，定会有两只野鸭飞来，有人曾经捉到它，却是王乔的鞋子。〇相传周灵王太子晋曾游伊洛，有个叫浮邱公的道士接他上嵩山。三十多年之后，遇见桓良说：『可告我家，七月七日候我于缑氏山巅』。到那天，他当真乘白鹤停在山头上，看得到但是不能靠近，更是碰不着。

刘晨采药　茂叔观莲

【浅释】东汉刘晨有一天和阮肇去天台山采药，迷了路，又没有了粮食，恰巧遇到两个好人，请他俩去他们家中，给胡麻饭吃，还留在家里住。过了半年他俩才回来，到家时，已经传了十世，想返回那两家，却已找不着路。〇宋人周敦颐，字茂叔，他非常喜欢莲花，经常观赏。曾写《爱莲说》，把莲花的高洁写得淋漓尽致，含意深长。

阳公麾日　武乙射天

【浅释】据《淮南子·览冥训》记载：鲁阳公与韩构发生冲突，两人打得非常激烈，一直打到傍晚，鲁阳公用手把武器一挥，太阳倒退了三座星宿。〇武乙是商纣前三代的一位君主，曾制作木偶人，并称它为天神，让人与它搏击，假如打不胜，马上杀死。还制作皮袋子，装满鲜血，高高地悬挂起来。武乙仰射它，称作射天。

唐宗三鉴　刘宠一钱

【浅释】唐太宗曾把魏征看作一面镜子，魏征死的时候，他相当悲伤，对侍臣说：『夫以铜为鉴，可正衣冠；以古为鉴，可知兴衰；以人为鉴，可明得失。朕尝得此三鉴，今魏征逝，亡一鉴矣。』〇刘宠是东汉时会稽太守，奉公守法，是个好地方官，深受百姓的爱戴。在调往京师时，山阴五个老叟各送一百个铜钱作为饯行的礼物，刘宠为了满足这些老头的心意，各选一只大的铜钱，过了山阴界后，就把钱投入江中。当时人们把他称为『一钱太守』。投钱的

江，叫做『钱清』。如今浙江绍兴还存有钱清镇。

叔武守国　李牧备边

【浅释】晋公子重耳逃亡他国，曹、卫两国对他不礼貌。之后重耳即位，进攻曹国，征讨卫国。卫人献出国君成公，以让晋国高兴，大夫元恒奉成公弟弟叔武守国。此后，晋人送回成公让他继续做国君。把叔武杀害了。〇战国时赵国大将李牧，被派守赵国北方边塞。他勤练骑射，谨慎烽火，重视人察，每当匈奴进犯时，马上收兵。保住阵地，赵王不满，把他撤换了。这以后，匈奴入侵，赵国连打了几次败仗。后来，赵王又叫李牧出山任职，兵士都愿意决一死战。李牧就扩大兵力，全力进攻匈奴，大获全胜。这以后，十几年北方边境都得到安稳。

少翁致鬼　栾大求仙

【浅释】汉武帝的王夫人亡故了，武帝十分想念她。道士少翁说可以招来她的魂魄，就在晚上点起蜡烛，张设帷帐，摆放酒肉，让武帝住在帷帐里，果然，武帝真的远远地看到王夫人围着帷帐漫步走着。这时，他更加悲伤，作了首诗，叫乐府用弦乐器伴奏歌唱。〇汉武帝时的五利将军方栾大，对他说：『臣尝往来海上，见安期，羡门之属曰：「黄金可成，河决可塞，不死之药可得，仙人可致。」』武帝对他的话信以为真，就派他入海求仙。

彧臣曹操　猛相苻坚

【浅释】东汉末颍川人荀彧，听说曹操有雄略，就和他的侄子荀攸一起归顺他。曹操很高兴。军中的事都向他咨询。后来，董昭想让曹操进到九锡（接近帝位）。荀彧有不同的看法，于是曹操忌恨他。荀彧生病，曹操送去空禄盒。彧深知曹操的意思，于是服毒自尽。〇王猛是前秦大臣，晋桓温北伐入关时，王猛去见他，并劝桓温乘胜继续进军，但桓温不接受。后来苻坚（前秦皇帝）任王猛为相，像刘备遇到诸葛亮，于是前秦更加强大起来。王猛死前，劝苻坚不要与晋国为敌，苻坚不接受，最终导致国家灭亡。

汉家三杰　晋室七贤

【浅释】汉高祖取得天下后，对群臣说：『运筹帷幄，决胜千里，我不如子房；镇抚百姓，馈饷不绝，我不如萧何；连师百万，战胜攻取，我不如韩信。三者皆人杰，我能用之，所以取天下。项羽有一范增而不能用，所以为我所

败。」汉高祖的这一席话，让群臣十分高兴，而且相当钦佩他。〇三国魏末，司马氏当政，当时有七贤分别是：陈留的阮籍、谯国的嵇康，河内的山涛，河南的向秀、阮籍的侄儿阮咸、琅琊的王戎、沛人刘伶。他们之间十分友爱，一同住在山阳，经常在竹林下聚宴，号称「竹林七贤。」

居易识字　童乌预玄

【浅释】相传唐代诗人白居易，他出生七个月时就能识字了。〇汉扬雄的次子扬信，字子乌，小字童乌。扬雄的《法言》曰：「吾家童乌，九岁能预吾《玄》矣。」

黄琬对日　秦宓论天

【浅释】黄琬是东汉时魏郡守黄琼的孙儿。建和元年正月发生日食，黄琼没有亲眼所见，当太后问及他日食的情况时，他答不上来。他的孙儿琬，当时只有七岁，说：「何不言日食之余，如月之初？」琼深感惊异，就按孙儿说的回答了太后。〇三国时吴国的使者张温访问蜀国，蜀国的使者秦宓招待他，席间闲谈中，张温无意中问秦宓：「天有头吗？」秦宓答：「有。《诗经》上说：乃眷西顾。」又问：「有耳吗？」答：「有，天高听卑。《诗经》上说：鹤于九皋，声闻于天。」又问：「有足吗？」答：「有。《诗经》上说：天步艰难。」又问：「有姓吗？」答：「有，姓刘。」问：「何以知之？」答：「天子姓刘，天必也姓刘。」张温感到非常惊异。

元龙湖海　司马山川

【浅释】东汉下邳人陈登，字元龙。有一次，许汜与刘备谈论人物，许汜对刘备说：「元龙湖海之士豪气未除。」刘备问他原因。许汜说：「昔过下邳，元龙无主客礼，自卧床上，使客卧地下。」备说：「君有国士名，而不留心救世，乃求田问舍，许是元龙所讳。若是我，则自卧在尺楼上，使君卧地下。」刘备表明做官应为民着想的道理。〇汉代人司马迁，曾经南游江、淮、浮、沅、湘，北涉汶、泗，还受奉西至巴蜀以南邛、笮、昆明等地，足迹遍布大江南北，号称「读万卷书，行万里路。」

操诛吕布　膑杀庞涓

【浅释】东汉末，曹操出兵讨伐吕布。刚开始攻不下，后来曹操用荀攸、郭嘉的计谋，打了一个多月，才获胜。曹操

终于擒住吕布并把他诛杀了。○战国时齐人孙膑和庞涓一同学习兵法。庞涓是魏国将领，嫉妒孙膑的才能，把他骗到魏国来，并处以膑刑（挖掉膝盖骨），因此叫孙膑。后齐使者载膑归国，齐威王拜为军师。膑为齐谋划攻魏，庞涓智穷无以应对，被击败后自尽了。

羽救巨鹿　准策澶渊

【浅释】秦兵围攻起义军于巨鹿城，项羽带兵在巨鹿城外跟秦兵开战。打了几回合，以一当百，杀声震天。终于取得了胜利，杀了苏角，活捉王离。诸侯都登营垒上观战，非常惊恐，于是拜项羽为上将军，并且都听命于他。○宋真宗时，辽的军队进犯宋的边境，朝廷大为震动。参知政事王钦若请皇帝逃到金陵，陈尧叟则请皇帝逃到成都。宰相寇准全力排除他们的提议，主张请皇上亲临前线督战，来抵抗辽军。真宗到澶州后，宋军英勇作战，把辽军打得一败涂地。辽派人来求和，结『澶渊之盟』。

应融丸药　阎敞还钱

【浅释】汉代应融担任汲县令。当时，祝恬被征召去京师，途中得了疾病。到了汲县，县令应融前往住所看望，亲自为他调制丸药，帮他精心治疗。○阎敞在汉时担任郡中属官，太守第五（复姓）尝曾把俸金一百三十万寄存在他那里，敞把它埋藏在堂上。后来，太守第五尝全家病死，只剩下一个九岁的孤孙，听他的祖父说有三十万钱寄存在阎敞那里，于是便去阎敞处讨回。阎敞立刻拿钱还他，这小孩说：『祖唯三十万，无百三十万。』敞曰：『府君病困错言耳，郎君为疑。』

范居让水　吴饮贪泉

【浅释】南朝时，梁州人范柏年拜见宋明帝，说广州有贪泉。宋明帝问：『卿州有此水否？』范答：『梁州唯有文川、武乡、廉泉、让（礼让）水。』又问：『卿宅在何处？』答：『臣所居在廉、让之间。』宋明帝认为他很好，并任用他为梁州刺史。○吴隐之是晋时人，担任广州刺史。离广州二十里的地方，有个名叫贪泉的泉水。相传喝了这水的人心中会产生不满足的欲念。吴隐之就酌了这泉水喝下，作诗：『古人云此水，一歃怀千金。试使夷齐饮，终当不易心。』在广州任职期间吴隐之始终奉公清廉。

薛逢羸马　刘胜寒蝉

【浅释】唐代进士薛逢，被贬为巴州刺史。仕途波折，老年不得志。曾骑一匹又老又弱的马赴朝，正好遇到新进士出游，团司挥手说：『回避新郎君！』薛逢说：『莫嚷嚷！阿婆三五少年时，也曾东涂西抹来。』〇杜密在东汉时曾担任北海相，罢官回家后，每次遇到本郡的太守，多会发表自己的意见。同郡刘胜从蜀回来，闭门不出，不像杜密那样，他什么都不管。太守王昱对杜密说：『刘季陵高士。』杜密明白太守是讥讽自己，答道：『刘胜位列大夫，而知善不举，闻恶无言，隐情惜己，自同寒蝉，是罪人也。』

捉刀曹操　拂矢贾坚

【浅释】东汉崔琰，相貌威武，眉清目秀，而且留有四尺长的胡须。有一次，曹操要接见匈奴使者，他认为自己外表丑陋不够威严，于是就让崔琰代替他去接见匈奴使者，他自己持刀站在坐榻旁。接见完后，叫人去问匈奴使者：『魏王如何？』答说：『魏王威严非常，然床头捉刀人乃真英雄也。』曹操马上意识到自己的做法被使者知道了，所以就命属下追杀匈奴使者。〇南北朝的贾坚在燕国做官，前燕皇帝慕容儁知道他擅长射箭，想亲自看看，于是在百步外的地方放了一头牛，让他射。他第一箭射在牛的脊背上方，擦着脊背而过。第二箭射在牛的腹下，擦腹而过。都接近皮肤射落牛毛，两次都是一样。

晦肯负国　质愿亲贤

【浅释】唐杨凭被贬谪为临贺尉，亲友都不敢去送行，只有徐晦独自前往送行，一直送到蓝田。大家感到很奇怪。徐晦说：『晦本布衣，蒙杨公知奖，今日远谪，安得不与之别！』几天后，李夷简举荐他为御史，对徐晦说：『君不负杨临贺，肯负国乎！』〇宋范仲淹被调往饶州，朝廷里的人都不敢去送行，唯独王质，带病去送他。大臣们责备他说：『君为何自陷朋党？』王质说：『范公，天下贤者，质何敢望之！若得为范公党人，是公厚赐质矣。』

罗友逢鬼　潘谷称仙

【浅释】晋时，有人被任命为郡守，桓温召集朝廷各官员给他饯行。罗友迟到了，桓温问他什么原因。罗友说：『中途逢鬼揶揄云：「只见你送人作郡，不见人送你作郡。」』桓温听后向他表示让他担任襄阳太守。〇宋人潘谷，精通

造墨，写得一手好字。有一次，他饮酒三天，酩酊大醉，跳进一口枯井，死了。有人下去看，他盘腿正坐，体背柔软，手里还拿着念珠，人们认为他成仙了。

茂弘练服　子敬青毡

【浅释】王导，字茂弘，是复兴晋朝的第一功臣。在晋室南渡时，国库空虚只剩下几千匹粗布，又卖不出去，无法应付国需之急。王导十分焦急担忧，就跟朝臣一起把这些布做成练布单衣，于是大家都来效法，练的价格上涨了，就把它卖掉。〇晋人王献之，字子敬。有一天夜里，他躺在斋中睡觉，有个小偷进来偷东西，恰巧王献之醒来，但他装作不知，等到小偷去拿青毡时，他才慢慢地对小偷说：『偷儿！青毡我家旧物，请放下吧。』

王奇雁字　韩浦鸾笺

【浅释】宋时赣县人王奇，曾是个县吏。县令在屏风上题雁字诗：『只只衔芦背晓霜。昼随鸳鸯入寒塘。』王奇看后接着县令的诗，写道：『晚来渔棹惊飞去，书破遥天字一行。』县令看到续诗后感到十分惊异。〇韩浦、韩洎两兄弟都是五代时人，他俩学识渊博，都很会做文章，但是韩洎看不起韩浦，说：『我兄为父，绳枢草舍，庇风雨而已，我为之，是造五凤楼。』韩浦听到弟弟的这些话，也不乐意，于是将别人送的笺纸寄给弟弟，并作诗给他，诗中写道：『十样鸾笺出益州，新来寄至浣溪头。老兄得此全无用，助尔添修五凤楼。』

安之画地　德裕筹边

【浅释】唐玄宗在五凤楼设酒宴款待宾僚，聚集了许多观看的人，喧喧嚷嚷，秩序混乱，高力士让严安之维持秩序。严安之用手画地说：『犯此者死。』于是人们就不敢超越。〇唐李德裕在任西川节度使时，在成都府西边建筑了一座筹边楼。楼内有地形图，依山川的险要，南边与南人相接的地方，画在左边，西边和吐蕃相连的地方，画在右边，每天观察此图，熟悉边疆的地形。

平原十日　苏章二天

【浅释】秦昭王听闻魏齐在平原君那里，并想杀魏齐为范雎报仇。于是，秦昭王写信给平原君并邀他来访说：『寡人闻君高义，愿与为布衣之友，君幸来访，寡人与君为十日之饮。』平原君惧秦，不得不去秦国，昭王与他饮酒几天，

就向他要魏齐。〇冀州刺史苏章是汉时人，他有个老朋友在清河担任太守，做了犯法的事，被苏章查出。太守设宴款待苏章，向他讲老朋友的情面，说：『人都只有一天，我独有二天。』苏章则说：『今日章与故人饮，私恩也；明日冀州刺史察事，公法也。』就治他的罪。此后清河境内平平安安。

徐勉风月　弃疾云烟

【浅释】徐勉曾担任南朝梁的吏部尚书。一天晚上他和门人闲坐月下。他的故友虞暠走过来，向他求官。徐勉非常严肃地对他说：『今夕只可谈风月，不宜及公事。』便拒绝了老朋友的要求。〇宋时爱国诗人辛弃疾，字幼安，号稼轩，慷慨有大略，一生力主抗金，遭到主和派的排斥，很不得志。晚年作的《西江月》中，有『万事云烟已过』的诗句。

舜钦斗酒　法主蒲鞯

【浅释】宋人苏舜钦，性情豪爽，嗜饮酒。有一天，在外舅杜衍家读书，看到《汉书》中写『（张）良与客狙击始皇』，拍案说：『惜乎击之不中！』就喝了满满的一大盅。随后看到『臣始起下邳，与上会于（陈）留，此天以臣授陛下』，又拍案说：『君臣相遇，其难为此！』又喝了一大盅。杜衍笑着说：『有如此下酒物，一斗不足多。』〇唐人李密，字法主，文武双全，志气宏远。年幼时常骑一头黄牛，在牛角上挂一本《汉书》边走边翻阅。越国公杨素遇到他，便对儿子说：『你等不如他。』后来，赵国公的孙子玄感起兵伐隋，请李密当谋主，李密不久便归唐，被封为邢国公。

绕朝赠策　苻卤投鞭

【浅释】士会是春秋时晋国人，因事投靠秦国，得以重用。晋派人到秦，规劝士会回晋。士会即将动身，秦大夫绕朝就向他献策说：『莫谓秦无人，吾谋适不用也。』〇前秦君主苻坚（苻卤）在北平定九州后，打算大举南下。苻融等人大力劝阻，他听不进去，说：『我百万之众，投鞭于江，足断其流，何险足恃？』然而淝水之战，被晋军击败，这是我国历史上第一次以少胜多的战役。

豫让吞炭　苏武餐毡

【浅释】战国赵襄子杀害了智伯，并把他的头骨涂漆后用作酒具。智伯的一位家臣叫豫让，挟匕首潜到襄子宫中，躲在厕所内，准备刺杀襄子。没能成功而且被抓获，襄子把他放了。豫让就漆身为癞，吞炭为哑，沿街乞讨。有一天，

他埋伏在桥下又想刺杀襄子，襄子的马怕了，乱叫，豫让又被擒获。〇汉代时，苏武出使匈奴，被扣留。卫律劝他投降，他坚决抵抗。匈奴把他流放到阴山大窖中，吞雪餐毡，拿着节符放公羊。匈奴说公羊怀孕才能够回去。苏武被羁在漠北达十九年之久才回国。汉宣帝赐封他为关内侯。并把他的画像挂在麒麟阁里。

金台招士　玉署贮贤

【浅释】燕昭王想要招聘贤人治理国家。郭隗说：『昔有求千里马者，负千金往，马已死，五百金买其骨，不期年，千里之马至者三。大王招贤，先从隗始，贤于隗者，岂远千里哉！』昭王听后便筑黄金台拜谒郭隗，像对老师一样对待他。结果，乐毅、邹衍、剧辛等闻风而来，于是燕国强盛起来。〇宋人苏易简，才华横溢，是太宗时进士第一，官升至翰林学士承旨，宋太宗曾写『玉堂之署』四字赠予他说：『美卿所居清华之地。』

宋臣宗泽　汉使张骞

【浅释】宋将帅宗泽，义乌人，能文能武。丞相李纲把他推荐为东京留守，抗击金兵，十三战都获胜。他屡次上书力请高宗还都开封，收复失地，都没被采纳。后来因为忧愤成疾，临终前三呼『过河』。〇汉武帝时，张骞出使西域，到大宛国，把葡萄种带回国种植，用以酿酒，十年不坏。到达大夏，又得到筇竹。他留在西域十多年，大大促进了东西方文明的交流。

胡姬人种　名妓书仙

【浅释】阮咸是竹林七贤之一，一生豪放无羁，性情直率。姑姑来家里，随身带一个胡人使女，阮咸便和她珠胎暗结。姑姑知道了他们的事情，答应把使女留下来，可走的时候突然改变了主意，把使女带走了。阮咸不顾世俗之道，把胡女追回，还大言不惭地说：『人种不可失。』这种事情，也许只有魏晋时期的所谓名士才能做得出来。

二　萧

滕王蛱蝶　摩诘芭蕉

【浅释】唐高祖李渊之子元婴封滕王，他曾在南昌赣江边建滕王阁。他工画，尤擅长画蝴蝶，形似而传神。唐王建《宫词》第六十首有句云：『内（皇宫）中数日无呼唤，传得滕王蛱蝶图。』〇王维，字摩诘，唐代著名诗人、画

家。他官至尚书右丞，故又称『王右丞』。苏轼评论他『诗中有画，画中有诗』。宋代科学家沈括在《梦溪笔谈》中记载，他家中藏有王维所画《袁安卧雪图》一幅，画面上有雪中芭蕉。僧惠洪认为『雪里芭蕉失寒暑』，不符合生活真实。也有人为王维辩解，认为岭南曲江冬日虽雪，红蕉花开自若。其实王维是在表现艺术真实，图乃得心应手、意到笔随而成之作，其意重在传神入理，而不拘形似。

却衣师道　投笔班超

【浅释】北宋诗人陈师道安贫不苟取。友人傅尧俞见其贫，曾想以金钱接济他，但见他言谈举止一身正气而不敢给。他和赵挺之为姻兄弟，但一向厌恶其为人。一次，他要参加郊礼，天寒衣薄，妻子向赵挺之借皮裘一件给他御寒。当他知道皮袍来路后坚决不穿，结果冻病而卒。○班超是汉代史学家班彪之子，班固之弟。班彪死后家贫，班超替官府抄书以养母。他曾掷下手中之笔感叹道：『大丈夫无他志略，当效傅介子、张骞立功异域，以取封侯，安能久事笔砚间乎？』明帝永平十六年（公元73年），他率三十六人出使西域，使西域五十余城获得安定。他在西域前后三十一年，官至西域都护，封定远侯。年老后，其妹班昭为之上书乞归。

冯官五代　季相三朝

【浅释】五代时，有个叫冯道的人，善于顺风转舵，阿谀奉承，他侍奉过五代四姓十位君主，都是当宰相。还著书记载他做官的经历，以官爵为荣，世人都以叛国无耻而鄙视他。他自号『长乐老子』，辽主耶律德光问他是什么『老子？』他回答说：『我是无才无德痴顽老子。』耶律德光大笑，仍任他为相。○季孙行父，又称季文子，为鲁国的上卿，曾任鲁宣公、成公和襄公三位君主的相。他为鲁国制订了田亩兵赋制度，归还了封地汶阳之田。女仆不穿细布，马不喂粮食。因为没有金玉珍宝，死后只好把家中用器当作陪葬品。当时君子从此知道季文子是忠于鲁国国君的。

刘蕡下第　卢肇夺标

【浅释】唐朝时人刘贲博学善文，又耿直敢言。文宗大和二年（公元828年），他参加贤良对策的考试，尖锐地指出宦官擅权祸国，议论切中时弊，文字慷慨激昂。主考官冯宿认为就是汉代的晁错、董仲舒也不如他。但因怕得罪宦官，

竟不敢录取他。而时人传读他的文章，有被感动得相对而哭泣的。同考的李郃说：『刘蕡不第，我辈登科，实厚颜矣。』令狐楚、牛僧儒都上书推荐他。后贬官而死。〇唐代人卢肇在武宗会昌年间和黄颇一同赴京应试，郡守只设宴为黄颇送行。次年，卢肇状元及第归来，郡守出迎，请他观赏龙舟竞渡。他赋诗道：『向道是龙人不信，果然夺得锦标归。』

陵甘降虏　蠋耻臣昭

【浅释】西汉人李陵，字少卿，是名将李广的孙子。他在武帝时拜骑都尉，贰师将军李广利伐大宛，武帝让他押运军器，但他自请率五千人马出居延攻敌。三十天后与单于主力相遇，杀敌千余而箭将尽。当匈奴失利正欲退兵时，李陵军中一将投降匈奴，将李陵军后援已断、粮矢将尽的情报告诉匈奴。单于便集中精锐再攻，陵至兵尽粮绝方降。武帝闻报杀李陵一家。匈奴单于把女儿嫁给李陵。李陵后来死于匈奴。〇战国时齐人王蠋曾谏齐湣王，齐湣王不听。他为此辞官退耕山野。燕昭王以乐毅为帅大破齐军，攻下齐都临淄，齐湣王仓皇出逃。乐毅久闻王蠋贤能，便令军士不准进入环画邑三十里之内，还备重礼请见。王蠋不去。燕以屠城相威胁，王蠋说：『忠臣不事二君，烈女不更二夫。今国破君亡，吾何以存。』便自杀而死。

隆贫晒腹　潜懒折腰

【浅释】东晋人郝隆在七月七日人们晾晒冬衣时，独解衣仰卧在太阳下。别人问他为什么？他回答说：『晒腹中书。』他后任桓温的南蛮参军，桓温举行诗酒会，规定不能作诗者罚酒三升。郝隆以不能诗受罚。他喝完酒，便提笔写了一句诗：『娵隅跃清池。』桓温问『娵隅』是什么东西？他说是蛮语中鱼的意思。桓温又问他作诗为什么用蛮语？他回答说：『我千里来投奔您，才得个蛮府参军的官衔，怎么能不作蛮语诗呢？』〇东晋诗人陶渊明，又名潜，字元亮。他早年有济世之志但无法施展，又受老庄思想影响，酷爱自然，所以时隐时仕。在他任彭泽令八十余日时，郡守派督邮到县视察，县吏让他束带相迎。他感叹道：『我岂能为五斗米（指俸禄）向乡里小儿折腰？』当天他便解绶辞职。

韦绶蜀绵　元载鲛绡

【浅释】韦绶是唐德宗朝的翰林学士，甚得信用。一次德宗与韦妃一起来到翰林院，韦绶正睡着。学士郑絪欲过去叫醒他，德宗不许。当时天正大寒，德宗用韦妃的蜀锦袍盖在他身上而离去。〇唐代宗朝的中书侍郎元载为人心术不正，他与李辅国相勾结，但当强盗杀害李辅国时，他又参与谋划。他还勾结宦官，以探知代宗的意图，使自己的言行能投代宗所好而邀宠，以致揭发他劣行的华原令反被削职为民。他的生活极其豪华奢侈，霸占了京城的大批高宅深院。他的芸晖堂窗帘用紫绡帐，似南海进京来的鲛绡，质地轻疏薄透，冬暖夏凉。

捧檄毛义　绝裾温峤

【浅释】东汉有位毛义，以孝顺被人们所称道。南阳张奉仰慕他的名声，特来拜访他。坐定之后，政府的公文送来了，毛义出去拜接公文，原来是任命他为安阳县令。毛义捧着公文走进来，喜形于色。张奉一见，以为他不过是个利禄之徒，心中生了鄙薄之意。后来毛义母亲去世了，毛义就离职回家守孝。三年服丧期满，政府又多次召他去做官，但都被拒绝了。张奉叹息说：『我误解毛义了。他往日做官的喜悦，乃是为了得到薪俸孝敬老母的缘故。贤人的行为有时真难以推测啊！』〇东晋温峤，任刘琨将军的司马，驻扎在河北一带。有一次，他送公文到首都建康，老母不愿他远离，温峤竟扯断衣袖走了。他到了建康以后，皇帝留下他在身边做官，温峤多次要求回去，皇帝都不准许。后来母亲死了，温峤要去奔丧，但北方已被胡人占领而回不去，造成了终身遗憾。

郑虔贮柿　怀素种蕉

【浅释】唐朝书画家郑虔曾将创作的诗、字、画呈献给宫廷，玄宗很赏识他的才华，称之为『郑虔三绝』。郑虔早年贫困，但他喜欢书法，苦于无钱买纸，便在家乡的慈恩寺里清扫柿树落叶，贮满一屋，天天在树叶上用心练隶书。〇唐朝名僧怀素善草书。相传他曾种芭蕉万余株，以蕉叶代纸练字，因而题自己的书室为『绿天庵』。他练字极勤，写秃的毛笔堆起来像座小土坟。他的书法以狂草出名，笔锋飞动圆转，如狂风骤雨。他继承了张旭的笔意，自称得草书三昧。历史上将他与张旭并称为『颠张狂素』。

延祖鹤立　茂弘龙超

【浅释】晋人嵇绍，字延祖，魏时嵇康之子。一次，有人对王戎说：『昨日见到嵇绍，其器宇轩昂，如野鹤之立鸡群。』王戎说：『你还没见到他的父亲呢！』晋惠帝时，河间王司马颙和成都王司马颖作乱攻进京城，嵇绍跟随惠帝到洛阳迎战，战斗十分激烈，将士们死的死，逃的逃，只有嵇绍拼死保护惠帝，血溅惠帝御袍而死。叛乱平定后，左右要洗惠帝御衣上的血迹，惠帝说：『这是嵇侍中的血，何必洗。』〇王导，字茂弘，小字阿龙。他拥立司马睿建立东晋，位居宰相。一天，廷尉桓彝着便装、拄着拐杖在路边看他，感叹道：『人言阿龙超凡不群，其实阿龙原本就是卓然超群。』他边看边走，羡慕至极，竟忘了自己没有穿朝服、戴朝冠，而且不知不觉地走到台门前了。

悬鱼羊续　留犊时苗

【浅释】羊续是羊祜的祖父，汉灵帝时任庐江、南阳郡守。他为官清廉正直。一日，府丞给他送来生鱼，他碍于情面收下后，把它悬挂起来。后来那人又想送来礼物，看见了上次所送的鱼，于是便打消了再送的念头。后人便以『悬鱼』喻清廉。〇时苗在东汉献帝建安年间任寿春令。一天，他驾车的黄牛生下一头小牛犊。他离任时对主簿说：『我来时本无此犊，犊是在这里生下的，应当留在这里。』那些官吏说：『六畜不认父，只认母，自然应该随母，由你带走。』他终究还是把牛犊留下了。之后，『留犊』也成为人们颂扬为官清廉的典故。

贵妃捧砚　弄玉吹箫

【浅释】唐玄宗的宠妃杨玉环擅歌舞，受玄宗宠幸。一天玄宗游沉香亭，见牡丹盛开，他为添兴助乐，特召翰林供奉李白前来作诗助兴。当时李白已酩酊大醉，玄宗让人用水洒其面以醒酒。李白清醒后，要贵妃给他捧砚，援笔立就《清平乐》三章。玄宗立命梨园子弟奏乐唱和。〇相传萧（也作『箫』）史是春秋时人，他善吹箫，吹出的音乐像神鸟凤凰的鸣叫。秦穆公将女儿弄玉嫁给他，并筑凤台给他俩居住。一天晚上，他俩吹箫引来了凤凰，两人一同成仙升天而去。

三　肴

栾巴救火　许逊除蛟

【浅释】汉桓帝时担任桂阳太守的栾巴，相传他有道术，可以喷酒灭火。○许逊是唐时的旌阳令，后来，他弃官东归，路上遇到谌母。相传他懂得道术，能杀蛇斩蛟，为民除害。

《诗》穷五际　《易》布三爻

【浅释】汉初，相传《诗经》注解有齐、鲁、韩三家。《齐诗》从阴阳五行解说《诗》，认为每遇卯、酉、午、戌、亥这些阴阳终始际会的年头，必定会有比较大的变故。○《周易》里组成卦的符号叫做『爻』，『—』是阳爻，『- -』是阴爻，蕴含交错和变换的意思。八卦中，每卦都由三爻组成。以两卦两重，生成六十四卦，每卦则有六爻。

清时安石　奇计居鄛

【浅释】晋人谢安，字安石，他四十岁才当官。简文帝去世，司马桓温想篡取晋的政权自己立帝，但是谢安不被他所利用，桓温的阴谋最终未能得逞，谢安之后任尚书仆射，一心辅佐晋室，当时的人把他比作王导。秦苻坚带兵进攻晋国，谢安是征讨大都督，调派他的侄子谢玄带兵在淝水大败苻坚。○范增，是居鄛人。他足智多谋，是个贤才，项羽起兵反秦，范增劝项梁立楚国之室后裔以顺民心。当时楚王的孙子在民间放羊，项梁立为王。后来，范增为项羽效劳，项羽尊他为『亚父』请他当谋主。陈平帮汉高祖搞反间计，项羽猜疑他，范增就告老归乡，回乡途中，患病而死。不久，项羽也被刘邦打败了。

湖循莺脰　泉访虎跑

【浅释】江浙一带有很多湖泊，莺脰湖在江苏吴江县西南，形状像莺脰，因此得名。○杭州虎跑山上有个虎跑寺，有泉水自山岩中流出来，称为虎跑泉。相传，唐元和年间，性空大师在虎跑寺坐禅，没水，想迁往别的地方，梦到神人派老猊移水来，第二天当真看到有两只老虎用脚刨地，随后泉水涌出，清凉甘甜。

近游束皙　诡术尸佼

【浅释】晋时人束皙，为汉太傅疏广的后代，由于躲避战乱离开家乡，改『疏』为『束』，官至著作郎，曾作《近游

赋》。○战国时晋人尸子，名佼，身为秦相商鞅的宾客。商鞅被杀后，他逃往蜀地，作《尸子》二十篇，大部分都用诡术。

翱狂晞发　嵇懒转胞

【浅释】宋时的谢翱，号晞发，曾担任文天祥的咨事参军。宋灭亡后，文天祥被捕，坚贞不屈，死在敌人手中，谢翱相当悲痛，到浙水东，在严子陵钓台西面设立文天祥灵位祭奠他，并且写楚歌赞颂他。○三国时魏国的嵇康是魏宗室的女婿，他丰神俊逸，学识渊博，在魏国担任中散大夫。那时司马氏掌握大权，山涛举荐嵇康，嵇康写信拒绝，说：『游山泽，亲鱼鸟，心甚乐之。一行作吏，此事便废，安能舍其所乐而从其所惧哉！……每常小便，忍以不起，令胞中略转乃起耳。』

西溪晏咏　北陇孔嘲

【浅释】宋代文人晏殊，曾在海陵西盐场当官，种有一棵牡丹，并把诗刻到石碑上。后来范仲淹来到这个地方，也题诗一首。由于是二位名家写了诗，因此当地的人用红漆的栅栏来保护花和碑石，牡丹长得繁茂，每次能开好几百朵花，成为海滨奇观。○南朝山阴人孔稚珪，曾经和周颙隐居于北钟山。后来周颙出山担任海盐令，途经此地，孔稚珪作了《北山移文》，仗此山灵的口，对周颙大肆嘲讽。

民皆字郑　羌愿姓包

【浅释】郑浑，三国时魏国人，曾担任下蔡长、邵陵令。那时天下大乱，民不聊生。郑浑率领老百姓种田植桑，老百姓才逐渐富足起来，所以百姓都十分拥戴他，男的、女的多以『郑』为字。○包拯，宋时庐州合肥人，为官清正廉直，西羌俞龙珂归附宋朝，对前来迎接的使者说：『平生闻包中丞乃朝廷忠臣，我既归汉，乞赐姓包。』神宗就答应了他的请求，并赐他姓包，名顺。

骑鹏沈晦　射鸭孟郊

【浅释】在宋人写的《青渚纪闻》中记载：沈晦梦骑大鹏，驾风腾飞，翱翔空中。于是作了《大鹏赋》来记述这件事，没多久，他名扬天下。○《建康志》中记载：元和初，县尉孟郊曾在平陵城建造射鸭堂。孟郊有诗曰：『不如竹

枝弓，射鸭无是非。』射鸭堂由此得名。

戴颙鼓吹　贾岛推敲

【浅释】晋人戴逵的儿子戴颙，有次春天随身带斗酒外出。人们问他去哪。他说：『去听黄鹂声，此俗耳针砭，诗肠鼓吹，你知之否？』○唐代人贾岛，起初为和尚，勤读诗，也好作诗，曾骑驴赋诗，咏得『鸟宿池边树，僧敲月下门』之句，起先本打算用『推』字，后又改为『敲』字，在驴上作推敲的动作，正好遇到韩愈。韩愈问他什么事，他把所有想法告诉韩愈，韩愈停下马深思了好久，便对贾岛说：『「敲」字佳』。就骑着马一同研讨作诗的道理，后来，韩愈还劝说贾岛还俗。

四　豪

禹承虞舜　说相殷高

【浅释】鲧治水不得法，水患不止，故被舜处死。舜又叫鲧的儿子禹治水，禹总结经验，采用疏导法，历经十三年，三过家门不入，终平水患，舜因此把帝位禅让给他。舜姓虞氏，故称虞舜。○傅说，是殷高宗武丁之相。传说，武丁听说傅说是个贤者，任他为相，傅说辅佐武丁使殷商王室强盛起来。因其是从傅岩出来的，所以用傅作为姓。

韩侯敝袴　张禄绨袍

【浅释】韩昭侯有一条旧的裤子，叫手下收藏。手下的人问他：『为何不赐与左右？』韩昭侯说：『我听说英明的国君对自己的一颦一笑都十分谨慎，赐裤子给人岂只是一笑一皱眉？我一定要赏赐给一个有功的人。』○范雎和须贾受命出使齐国。须贾怀疑范雎私通齐国，便密告丞相魏齐。魏齐派人用鞭子打范雎，断了肋骨。范雎装死，被丢在厕所时，才得到逃脱。到秦国后改名张禄，任秦昭王之相。有次，须贾出使秦国。范雎穿破烂衣服去见他，须贾大吃一惊说：『范叔尚在乎？何一贫至此哉！』就脱下绨袍送他。后知他就是秦相，肉袒谢罪。范雎因绨袍之情，放过了他。

相如题柱　韩愈焚膏

【浅释】汉代，司马相如是成都人，他准备东游长安时，成都的北边有一座升仙桥，相如在这座桥的柱子上题诗，

曰：『不乘高车驷马，誓不过此桥也。』○韩愈，唐代人。他七岁读书，很勤学，焚膏油点灯夜读，卓有成就，成为一代散文大家。苏轼称他『文起八代之衰，道济天下之溺。』

捐生纪信　争死孔褒

【浅释】项羽把刘邦围困在荥阳，情势危急，刘邦束手无策。这时，他的部将纪信献策：乘汉王黄幄车，伪装成刘邦出去投降，刘邦乘机逃走。项羽大怒，于是把纪信烧死。○孔褒，东汉人，孔子的二十世孙。那时有个叫张俭的官员上书弹劾中常侍侯览，却倒被侯览诬为朋党，通缉搜捕。张俭逃往孔褒家避难，刚好孔褒不在家，其弟孔融把张俭藏在家里，以后被发现，张俭逃走。吏抓了孔褒、孔融。孔褒说：『俭来投我，我甘抵罪。』兄弟争死，后孔褒被杀。

孔璋文伯　梦得诗豪

【浅释】东汉末的陈琳，字孔璋，曾著《武库赋》、《应机论》。张紘见其著作后，曾写信赞扬他是文章之伯。陈琳回答说：『自我在河北，与天下隔。此间人少作文章，易为雄伯，故使我受此过善之誉。』○刘禹锡，字梦得，是唐代彭城人，他是中唐时的大诗人，诗风雄浑豪迈。白居易推其为『诗豪』。

马援矍铄　巢父清高

【浅释】东汉茂陵人马援，光武帝时任伏波将军。他对宾客说：『丈夫为志，穷当益坚，老当益壮。』还说：『男儿当死于边野，以马革裹尸还。』六十二岁的马援，还请求南征，精神矍烁，后死于军中。○尧时隐士巢父，年长老迈，德高望重，以树为巢，睡在上面，因此号巢父。尧曾想把帝位禅让给他，他不接受。

伯伦鸡肋　超宗凤毛

【浅释】刘伶，字伯伦，是晋时人，他跟嵇康、阮籍等很好，为当时『竹林七贤』之一。他体弱消瘦，有一次跟一粗汉口角，粗汉伸出胳膊要打他。刘伶和气地对他说：『鸡肋不足挡尊拳。』粗汉才没打他。○南朝宋谢凤之子超宗，曾经为王母诔奏之著无考，齐武帝看了这一著作后，非常欣赏，赞叹道：『超宗殊有凤毛。如灵运复生。』（凤毛，赞他名字跟本领一致，有『凤毛麟角』的意思，灵运，即指谢灵运。）

服虔赁作　车胤重劳

【浅释】服虔是汉代人，他想注《春秋》一书。听说崔烈讲解《春秋》。就匿姓隐名请求崔烈家雇用他。当崔烈讲解时，就偷听他讲。不久以后，他知道崔烈不能胜过自己，就跟诸生议论他的长短。催烈知道他原来就是服虔，就跟他很好，成为好朋友。○晋时的车胤以谢公兄弟（谢安、谢万）为师，向他们学习，好学勤问，大有长进，他对袁平说：『何尝见明镜疲于屡照，清流惮于惠风？』

张仪折竹　任末燃蒿

【浅释】张仪是战国时纵横家代表人物之一。他年轻时曾经替人家抄书，遇到没见过的好句，就把它写在掌中或大腿上，晚上回到家后，就折竹刻写，久而久之，就集成册子。○任末是东汉人，他勤奋好学，编茅草，在竹木间建起小草屋，削柴做笔用。到了晚上就燃蒿以照明读书，其求学的精神，实在感人！

贺循冰玉　公瑾醇醪

【浅释】贺循是晋代的儒宗，晋室南渡后，宗庙制度都是由贺循规定的。晋元帝曾经说：『循冰清玉洁，位上卿而居室才蔽风雨。』贺循真可谓是个清官。○三国时吴军都督周瑜，字公瑾，庐江人。当时的副都督是程普，他以年长自居，多次欺负周瑜，而周瑜却从不与其计较，因而程普赞叹地说：『与公瑾交，如饮醇醪，不觉自醉。』

庞公休畅　刘子高操

【浅释】曾经有这样一个不拘小节的人，他名叫德操。有一天，他去访庞公，刚好庞公外出。德操在他家中，叫庞公的妻子赶快准备饭食，结果她在堂下忙得团团转，备餐供食。不多久，庞公回来，直走进餐厅就座，不知是什么客人。○南朝刘訏和其兄刘歊、及阮孝绪这三个人，情操高洁，当时人们号为『三隐』。刘孝标曾经称赞二刘：『訏超几绝俗，如天半朱霞，歊矫矫出尘，如云中白鹤，皆俭岁之良稷，寒年之纤纩。』

季札挂剑　吕虔赠刀

【浅释】季札是春秋吴国人，曾出使鲁国，路经徐地，徐君喜欢季札的剑，却不敢开口，季札心里知道。因为季札要出使强大的国家，所以没把剑赠送给徐君。等到从鲁国回来又经徐地时，他已去世。季札解下剑挂在他的坟树上说：

『始我以心许之，岂以死背我心哉！』当时的人编歌谣唱：『延陵季子不忘故，脱千金之剑兮挂丘墓！』〇晋时有个人叫吕虔，有把佩刀。相士认为有相当身份的人才可以佩这种刀。吕虔对王祥说：『卿有上卿之才，聊以相赠』。几年后，王祥将死时，把这把刀授给他的弟弟王览，他弟弟的后代多是贤才，在江左是很出名的。

来护卓荦　梁竦矜高

【浅释】隋朝将领来护儿，年少时聪明过人，卓绝超群，在读《诗经》时，读到『击鼓其镗，踊跃用兵』、『羊羔豹饰，孔武有力』的时候，拍桌子感叹地说：『大丈夫应为国灭贼，以取功名，安能区区之事笔砚乎？』后来他当了大都督，多次立了战功，进而封为荣国公。〇《七序》的作者梁竦。有次，他登高远望，感叹地说：『大丈夫居世，生当封侯，死当庙食。如其不然，闲居可以养志，读书足以自娱，州郡之职，徒劳人耳。』梁竦矜高，事与愿违。

壮心处仲　操行陈陶

【浅释】王敦，字处仲，是晋时荆州刺史，常常在喝酒醉后用铁如意敲壶，口诵曹操《龟虽寿》：『老骥伏枥，志在千里。烈士暮年，壮心不已。』〇陈陶是唐代人，他很有修养，操行高洁，为人正派。曾有这样一件事：郡守严撰送小妾莲花去试一试，到晚上了，他请莲花回去，不予接纳，以后，严撰更加器重他。

子荆爽迈　孝伯清操

【浅释】孙楚，字子荆，晋代人，是个才华出众，性格豪爽的有为之士。年轻时曾想隐居，对王济，字武子说欲枕石漱流，却误言为：『我欲漱石枕流。』因而王济问曰：『流可枕，石可漱乎？』子荆答曰：『所以枕流，欲说其耳，所以漱石，欲砺其齿。』他以后成为石苞骠骑参军。〇王恭，字孝伯，是晋时人，清操超群且很有才华。他常说：『名士不须奇才，但使常得无事，痛饮酒，熟读《离骚》便可称名士。』

李订六逸　石与三豪

【浅释】唐代大诗人李白，曾暂住任城，跟孔巢父、陶沔、韩准、裴政、张叔明订交，并共隐徂徕山，纵情地饮酒、写诗。人称『竹溪六逸』。〇石延年是宋代人，很自豪，善于写诗，石介曾经写过《三豪诗》，说欧阳修豪于文，石延年豪于诗，杜牧豪于歌。此为『三豪』也。

郑弘还箭　元性成刀

【浅释】东汉郑弘，在白鹤山砍柴，拾到一枝箭。不一会儿，有位老翁来讨箭，郑弘就还给了他。老翁很感激，问他有什么要求。郑弘说：『这里从若耶溪运柴出山很困难，希望早晨吹南风，晚上吹北风，好运柴回家。』老翁答应了。至今若耶溪的风还是如此，世称郑公风。〇三国时蒲元性在斜谷口给孔明铸了三千把剑，剑成后等待淬火。元性说汉江水钝弱不能用，锦江水爽利刚烈，含有金的元气，便派人去取。水运到后，蒲元性说水不纯，掺了涪江水。取水人说没有。蒲元性用刀在水中一划，说：『你掺了八斗涪江水。』取水人叩头认罪，说路上倒了八斗，取沿江水添补了。于是命他重新取来锦江水，淬成了刀。蒲元性把铁丸装在竹筒里，举刀砍下去，铁丸被劈成两半，因而称它为『神刀』。

刘殷七业　何点三高

【浅释】刘殷，晋代人，生有七个儿子，五个儿子授《五经》，一个儿子授《史记》，另一个儿子授《汉书》。一家之内，七业俱兴。〇何点，南朝时人，人们称他为『游侠处士』。宋、齐好几次请他做官，他都拒而不去。梁武帝也想请他当官，把他召到华林园，他仍以有病辞归。他的哥哥何求，其弟何胤，都隐居不当官。人们称其『何氏三高』。

五　歌

二使入蜀　五老游河

【浅释】东汉和帝，曾派两个使者出使蜀地，观察当地的风土习俗。〇《竹书纪年》中记载：尧选择吉日良辰，带着舜等人游览首山，观光河渚，有五老游于河，盖五星之精。五老，即古代传说中的五星之精。

孙登善啸　谭峭行歌

【浅释】孙登是三国时魏国人，隐居在汲郡山，住在窟里同。谈论《周易》，弹奏弦琴，善啸。有次嵇康与孙登同游，孙登对嵇康说：『子才多识寡，难免于今之刀。』当真，嵇康遭司马昭等陷害而被杀。〇五代时的谭峭，泉州人，聪慧过人，只要是看过的文史书籍，都不会忘记，他一心学仙，曾经咏诗道：『线作长江扇作天，靸鞋抛在海东边。蓬莱信道无多路，只在谭生拄杖前。』他拜嵩山道士为师，学会辟谷养气的道术。道家把他称为『紫霄真人』。

汉王封齿　齐王烹阿

【浅释】汉高祖刘邦夺得天下后。大封同姓兄弟为官。诸将有所不满，刘邦想了解情况，就问张良。张良对他说：『陛下靠他们取得天下，今大封同姓，诸将欲谋反。』就劝说刘邦赶紧封他恨的雍齿任什邡侯。之后诸将说：『齿且封侯，我们不用着急。』大家的愤慨才平息下来。○齐威王的时候，有人诽谤即墨大夫，于是齐威王就派人到墨地去巡察，了解情况，结果发现即墨治理得非常好。另有人称赞阿大夫，齐威王又派人去察看，却发现阿治理得乱七八糟，齐威王按照这情况，就把即墨封为万户侯，并于当日烹死阿大夫和『谎报军情』的人，群臣都相当畏惧，齐国获得大治。

丁兰刻木　王质烂柯

【浅释】曹植《灵芝篇》中写道：『丁兰少失母，自伤早孤茕，刻木当严亲，朝夕致三牲。』诗中的丁兰，相传是汉代河内人，小时候母亲就过世，他用木头刻成母像，像活着的母亲一样侍奉她。○相传晋代衢州人王质有次上山砍柴，走到途中看到一石室，两个小孩子在里面下围棋。王质就放下斧子观看他们下棋。一会儿，一童子问：『何不去？』王质回头一望，那斧柯（斧柄）已经腐烂了。回到家中，世间已过了一百年，亲戚都不在了。所以把这山称为烂柯山。

霍光忠厚　黄霸宽和

【浅释】汉光禄大夫霍光，在宫中任职二十多年，做事小心严谨，从没犯过错误，武帝想把年幼的弗陵立为太子，查问诸臣，他们都觉得霍光忠厚，能够胜任。于是就派画师画周公负成王朝诸侯图赐予他。不久，霍光担任大司马大将军。受遗诏辅助少主。○汉时阳夏人黄霸。他在担任河南太守丞时，别的官吏执法严厉而苛酷，百姓非常不满，而他却不一样，以宽容仁厚出名，深受时人的拥戴。后来他做了丞相。

桓谭非谶　王商止讹

【浅释】东汉沛国相人桓谭，字君山，他曾经仔细地学习了五经，精通天文。光武帝相信谶纬，他却大讲并无这回事。引起光武帝的不满，并命他出任六安郡丞。著有《新论》。○汉成帝时的左将军王商，在为官期间，有一天，京

城里的人都说要涨洪水，大家非常惊恐，秩序大乱。大将军王凤劝说太后和成帝坐上船去，命令官吏和百姓都跑到城墙上去躲避洪水，王商却说：『此必讹言，不宜惊吓百姓。』经查实，的确是讹言，所以，成帝大赞王商。王凤十分羞愧，恨自己说话随便。

隐翁龚胜　刺客荆轲

【浅释】西汉彭城人龚胜，在哀帝时担任练议大夫。王莽篡权之后，他归隐家乡，自称为隐翁。王莽曾好几次派人去请他出来担任上卿。他都拒绝了，并对门人说：『旦暮入地，岂以一身仕二姓！』绝食十四天死去。〇战国时卫国人荆轲，为燕太子丹的门客。荆轲受命到秦国去刺杀秦始皇，借口说要献樊於期的头和燕国的地图，并把匕首藏到地图里面。临行前，太子以及宾客们都穿白衣，戴白帽把他送到易水，这时，高渐离击筑，荆轲和而歌：『风萧萧兮易水寒，壮士一去兮不复还！』激昂悲壮。荆轲到秦后，用地图里的匕首刺杀秦王，失败，并被秦王杀害。

老人结草　饿夫倒戈

【浅释】春秋晋大夫魏武子临死前，吩咐魏颗，用他的小老婆来陪葬。魏颗不听他父亲的话，把他的小老婆嫁出去。后来，魏颗同秦将杜回作战，只见一个老人结草让杜回仆倒于地，于是魏颗活擒杜回。到了晚上，魏颗梦到那老人对他说：『我是你所嫁妇人之父，感君恩德，今结草相报。』〇春秋晋国人灵辄，家境非常贫寒。翳桑有个叫赵盾的，给他送食物，也给他的母亲送去吃的，让他母子得以充饥。后来灵辄担任晋公甲士，灵公伏甲士想杀赵盾，灵辄倒戈救赵盾。赵盾问他为什么要这么做，他说：『我是翳桑的饿人啊。』，便自己逃走了。

弈宽李讷　碑赚孙何

【浅释】唐代人李讷，特别喜欢下棋，他虽然性情十分急躁，但是下棋时却非常宽缓。有时急躁，家里的人便把棋具摆在他的面前，他也就开心地拿起棋子布算，忘了一切，也忘了恼怒。〇宋汝阳人孙何，喜好辨认古文字。在任转运使的时候，性情急躁，要求严苛，州县的官吏都畏怕他，因此，各州县都针对他的爱好，拿磨灭不清的古碑在馆中修订，孙何一来，就会去读碑辨认文字，常常遗忘一切，就不再审查文案了。

子猷啸咏　斯立吟哦

【浅释】晋时人王徽之，字子猷，他曾经居住在一间空屋，却叫人在屋外种竹，有人问他：『暂居何必如此？』子猷啸咏了一会，指着竹子说：『不可一日无此君。』有一天，他途经吴中，一个士大夫家种有竹子，主人明白王徽之会来，就洒扫摆酒等待他来。他来时，却径直走到竹园，啸咏许久后，居然也不和主人相会就走了。主人非常不高兴，然而，王徽之却更加赏识主人，请他去，与他畅谈，都很开心。〇崔立之，字斯立，唐时元和初担任蓝田丞，县府庭院里围墙的南面有高挺的大竹子，他又种了两株松树，并每日吟啸在竹树之间。假如有人问事，他总会说：『我方有公事，你且去。』

奕世貂珥　闾里鸣珂

【浅释】金日磾本是匈奴休屠王太子，汉武帝时归顺于汉，因此赐他姓金。起初，他担任马监，后来迁侍中，因为笃实忠诚，被武帝所喜欢和信任。武帝去世后，跟霍光同时得到皇帝的遗诏所示辅助朝政，封为侯。他的两个儿子：金赏和金建，昭帝时都成为侍中，同张安世都赐获七世貂珥。〇唐时人张嘉贞，被武则天任命为监察御史，也担任过梁、秦州都督，至开元中时拜为中书令。他的弟弟张嘉祐担任金吾将军。每次上朝，侍从轩盖塞满闾巷，装饰的响声充耳，因此把他居住的坊称为『鸣珂里』。

昙辍丝竹　哀废《蓼莪》

【浅释】羊昙是晋的名士，谢安特别赏识他。谢安去世后，他几年辍乐，出行也不超过西州路。有一次，由于有事路经金陵，到州门前哭得十分厉害，用马鞭叩门，诵曹植诗：『生存华屋处，寒落归山丘。』触景生情，痛哭离去。〇王仪是三国魏人，他由于直言而被司马昭杀害。他的儿子王裒为父亲死于非命而悲伤不已，对朝政不满，归隐山林，设馆教书。每读到《诗经·小雅·蓼莪》中『哀哀父母，生我劬劳』这句诗时，常常哭泣不止。进而连门人受业也不看《蓼莪》这篇，唯恐老师触而生悲。

箕陈五福　华祝三多

【浅释】周武王灭掉商后，把箕子放回镐京。传说箕子曾为谢武王写过《洪范》，书中记述了过去所讲的五种幸福：

『一曰寿，二曰富，三曰康宁，四曰攸好德，五曰考终命。』这即为『五福』。○尧帝在华封巡察，华封人祝尧帝多寿，多福，多男子。后人把此称为『华封三祝』，也称『华祝三多』。

六　麻

万石秦氏　三戟崔家

【浅释】西汉秦袭，曾任颍川太守。他一门兄弟五人，都身居高位，每人年俸二千石粮食。五人合计一万石。京城称他们为秦氏万石。○唐代崔琳，开元年间为宰相，弟弟崔硅任太子詹事，崔瑶任光禄大夫。他们外出，都有武装仪仗队为前导，由武士手持兵器在前面开路，当时人称『三戟崔家』。戟：古兵器名。

退之驱鳄　叔敖埋蛇

【浅释】唐朝韩愈，字退之，到广东潮州任刺史，非常关心百姓疾苦。老百姓向他诉苦说：『水里鳄鱼很多，把人和牲畜快吃光了。』于是韩愈设立祭坛，写了一篇《祭鳄鱼文》，亲自祭祀神灵，请求把鳄鱼撵走。当天夜里，电闪雷鸣，狂风暴雨大作，鳄鱼就迁移到潮州西面六十里之外去了，从此百姓安居乐业。○春秋时楚国有位孙叔敖，他小时候在外面玩耍，看见一条两头蛇，当时人们都认为，谁见了两头蛇就会死。孙叔敖为了不让别人再看见它，就把它打死埋掉了。回家后哭着告诉母亲说：『我快要死了，不能孝敬您了。』母亲说：『你埋了两头蛇，为别人做了好事，积了阴德，就会有好报应，不会死的。』孙叔敖长大以后，以心地善良名闻远近，楚庄公就请他去做官，后来成为著名的宰相。

虞诩易服　道济量沙

【浅释】虞诩，东汉人，有将帅才，任武都太守时有羌兵犯境，一万多羌兵围赤亭。虞诩兵将不满三千，为迷惑羌人，虞诩令所部从东门出，从西门入，反复多次改换服装。羌人不知有多少部队，于是撤退了。○道济，即檀道济，南朝宋将。元嘉八年檀道济北伐，到历城时粮尽南撤。有一小兵投降了魏，向魏说出宋军绝粮。魏军于是追赶，宋军将要被击溃时，檀道济就在夜晚把仅有的余粮洒在沙上。天明时，魏军见宋军粮食有多余的，就杀了投降的小兵，说他谎报了军情，于是檀道济的军队得以全身而退。

伋辞馈肉　琼却饷瓜

【浅释】伋，孔伋（孔子嫡孙），很贫穷，朋友送米给他，他收了二车。有人送他酒肉，他谢绝了。于是有人说他贪多嫌少，他答：『我不幸居贫，怕断绝了先人的享祀。受米是缓解这种忧虑，酒肉却是用来享乐的。正居于贫困而贪求享乐，是不义的啊！』〇琼，苏琼，北齐人，为官廉正。郡人赵颖八十多岁了，佩服苏琼的为人，便亲自送了两颗新瓜给苏琼。苏琼碍其年高情重，便收了下来，但一直挂在厅堂梁下。有人听说苏琼受瓜，便也想上门送礼，到其门一问，了解到那两颗瓜仍挂在厅梁上，都不好意思再送礼了。

祭遵俎豆　柴绍琵琶

【浅释】祭遵，东汉将，为人清廉恭俭，克己奉公。每有赏赐，他从不私留，都分给部下。他崇信儒术，虽在军旅，还不忘俎豆祭祀之礼，可谓好礼悦乐。死后，汉光武帝曾叹息道：『安得忧国奉公之臣如祭征虏（遵）者乎！』〇吐谷浑、党项犯边，唐将柴绍，和妻子平阳公主拒敌。敌居高临下，万箭齐发，唐军混乱。而柴绍稳坐军中，命人弹琵琶，二女子舞蹈，敌迷惑，乃停射观看。柴绍乘机挥兵掩杀，斩首五百，大败敌军。

法常评酒　鸿渐论茶

【浅释】法常，宋僧人，嗜酒，喝醉了就熟睡不醒，醒来就大声吟道：『优游曲世界，烂漫枕神仙。』曾对人说：『酒天虚无，酒地绵邈，酒国安恬，无君臣贵贱之拘礼，无钱财利禄之图谋，无刑罚之避，乐陶陶，坦荡荡，无忧无虑，像蝴蝶一样忽而翻飞浩渺而不思觉也。』〇鸿渐，即陆羽，唐代人，著有《茶经》，论茶之功效以及煎煮之法，被人奉为『茶圣』。

陶怡松菊　田乐烟霞

【浅释】东晋陶潜，又名渊明，字元亮。弃官归田以后，赋《归去来辞》，文中有『三径就荒，松菊犹存』之句。唐代韦表微进士及第以后，任监察御史，心中不乐，曾说：『愿为松菊主人，不愧对陶元亮就可以了。』〇唐代田游岩，三原人，先隐居太白山。又入箕山，隐居在上古隐士许由的祠庙旁边，自认为是许由的邻居。朝廷多次召他做官，都不愿出山。后来唐高宗游嵩山，曾亲自登门访问他，田游岩穿着山野人的衣服，拜见皇帝。皇帝命左右扶他起

来，问他说：『你觉得这样生活快乐吗？』田游岩说：『我已是泉石膏肓，烟霞痼疾。』意思是说对泉石烟霞有一种特殊的癖好。于是皇帝把他请到京师长安，任他为崇文馆学士，居住在奉天宫东面，并在他的大门上面亲自题了扁额：『处士田游宅』。

孟邺九穗　郑珏一麻

【浅释】南北朝时北齐人孟邺，字敬业，任东郡太守，对百姓宽大仁慈，郡内有的麦子一茎五穗，后来又出现了一茎九穗的嘉禾，人们都说是德政感化的结果。○五代时后唐郑珏和李愚同为学士，郑珏的堂下突然长了一株麻。到了秋后，麻成熟了，原是一株白麻。李愚说：『你要当宰相了。』后来郑珏果然被任为宰相。唐代的制度规定，任命宰相的诏书用白麻纸。

颜回练马　乐广杯蛇

【浅释】颜回，孔子弟子。练，白绢。孔子见阊门外有一匹白马，便让颜回看，问：『你看见阊门了吧？』颜回答：『看见了。有一匹白练样的东西。』孔子说那是一匹白马，颜回又仔细看了一下发现果然是匹白马。颜回不久便死了，当时人说是他的精力比不上孔子，而用力过度的缘故。○乐广，晋人。他有一个朋友许久未来，乐广问原因，那人说：『前次在你那儿喝酒，见杯子里有一条蛇，后来就病了。』乐广便又一次在先前的地方设宴，问：『酒中还有些什么吗？』朋友说：『又有一条蛇。』于是，乐广告诉他，杯中的蛇其实是墙上挂着的弓在酒里的投影。朋友恍然大悟，病一下子好了。这就是『杯弓蛇影』的来历。

罗珦持节　王播笼纱

【浅释】罗珦，唐人，为官清廉，坚持操守，以治行闻名，修官学，施教化，颇有政绩。他年少时很穷，常在故乡的封庙中与僧人一起吃饭。后来他做了官，持节回乡，在曾住过的僧房写诗留念。○王播，唐人。贫贱时曾居扬州惠昭寺木兰院，随人吃饭。后来僧人都厌烦他，就提前开饭，王播来时，饭已开过了。他显贵后，重游故地，发现以前自己的题诗都被僧人恭敬地用碧纱罩上了。他感慨万端，又题二绝句于壁，一首说：『二十年前此院游，木兰花发院新修。而今再到经行处，树老无花僧白头。』另一首说：『上堂已了各西东，惭愧阇黎（高僧）饭后钟。二十年来尘扑

面，如今始得碧纱笼。』

能言李泌　敢谏香车

【浅释】安史之乱后期，广平王收复两京，让李泌入朝报捷。因广平王立大功，为皇后所妒忌。李泌乃借高宗的事，谏诫肃宗不能听信谗言。广平王因而得到平安。〇香车，战国齐大夫。齐王建大堂，百亩之广，堂上有屋三百间，三年还没建成，无人敢谏。香车于是仗义谏言。齐王接受了他的进谏，放弃了继续修宫室的计划。

韩愈辟佛　傅奕除邪

【浅释】唐宪宗崇佛，曾遣使去凤翔迎佛骨，韩愈上表谏止，劝宪宗把佛骨付之水火，永绝根本。因此触怒宪宗，被贬潮州。〇傅奕，唐人，极力反对佛教，斥其无补于百姓而有害于国家。曾有一胡僧能以咒术令人死生，太宗问傅奕，傅奕说：『此邪法也。臣听说邪不犯正，若使咒臣，必不得行。』太宗召僧咒傅奕，果然傅奕一如平常，而僧倒地自绝。

春藏足垢　邕嗜疮痂

【浅释】春，即阴子春，南朝梁人。成日懒于修饰，衣物数年不洗，而脚也是长久不洗，以为每洗则失财败事。〇邕，即刘邕，南朝宋人，喜食疮痂。一次到孟灵休家去，孟灵休正患灸疮，疮痂落在床上，刘邕一一捡起吃掉，孟灵休大惊，就把未脱落的疮痂一片片揭下给刘吃。后来孟灵休写信给何勖：『刘邕不久前来看我，把我吃得遍体流血。』

薛笺成彩　江笔生花

【浅释】成都西南有浣花溪，相传有位女子，看见一位和尚落水，袈裟脏了，就为他在潭中洗濯。顿时水上开满各种鲜艳的花朵，从此这里就叫浣花溪。杜甫在成都时，曾住在这里，节度使裴冕为杜甫建了一座草堂。成都名妓薛涛，是一位诗人，后来也住在浣花溪近旁，曾以溪花制成十色彩笺，人称『薛涛笺』。〇南北朝时江淹，字文通，他在任蒲城县令时，有一天睡在城外孤山的寺中，梦见有位高大英俊的人送给他一支五彩笔。从此以后，他的诗文写得非常华美，真是笔下生花。过了十多年，有一晚，他独自睡在一个官府招待所里，梦见那位神人又来了，自称是东晋文学家郭璞，对他说：『我有一支笔在你这里，存放了多年，请归还我吧。』于是，江淹从怀里取出那支五彩笔，还给了他。从此江淹再也写不出好诗文了。

班昭《汉史》　蔡琰《胡笳》

【浅释】东汉班昭，是班固的妹妹。丈夫曹世叔死后，作《七诫》让女儿诵读。班固著《汉书》未成而死，皇帝下诏书请班昭补作，在皇家文史馆东观完成了兄长的遗愿。皇帝又经常请她入宫，让皇后贵人们拜她为师，称她为『曹大家』，大家即大姑。〇东汉末年蔡琰，是大文学家蔡邕的女儿。她六岁就通晓音律，后嫁给卫仲道，早寡。匈奴入侵被俘，留居匈奴十二年。蔡邕的好友曹操，痛惜亡友没有儿子，就派使者带上重金把蔡琰赎回来。但蔡琰在匈奴已经结婚，生有二子。于是蔡琰心情复杂，临行时作《胡笳十八拍》。匈奴人卷芦叶吹而歌之。诗载《汉貌诗乘》。

凤凰律吕　鹦鹉琵琶

【浅释】传说上古黄帝，命令乐师伶伦入嶰谷砍伐竹子，制成十二管的排箫，模仿凤凰的鸣叫声，雄鸣声为六律，雌鸣声为六吕，作为音律的标准音。〇宋代蔡确，神宗时任宰相，后被贬到新州任职。身边有侍女名叫琵琶，又有一只聪明鹦鹉。蔡确每次叩击打拍子用的响板，鹦鹉就呼喊琵琶来弹琴唱歌。后来琵琶死了，有一次蔡确无意中叩击了响板，鹦鹉不停地呼叫琵琶。蔡确非常伤感，于是作诗纪念琵琶：『鹦鹉言犹在，琵琶事已非。伤心漳江水，同渡不同归。』

渡传桃叶　村名杏花

【浅释】东晋王献之有爱妾名桃叶，王献之出门，桃叶送至江边渡头，舍不得离别。王献之为她唱了一支歌：『桃叶复桃叶，渡江不用楫。但渡无所苦，我自迎接汝。』不用楫是不用急的意思。歌词大意是说，我渡江后你不用发急，不要发愁，我会派人接你去的。桃叶唱了支歌报答他：『桃叶映红花，无风自婀娜。春花映何限，感郎独采我。』〇中唐诗人杜牧，诗情豪迈，人称小杜。曾在秋浦郡作官，清明那天，他写了一首诗：『清明时节雨纷纷，路上行人欲断魂。借问酒家何处有，牧童遥指杏花村。』杏花村在池州秀山门外，池州，今安徽贵池。秋浦郡即池州。

七　阳

君起盘古　人始亚当

【浅释】传说盘古生于天地混沌之时，后来他开天辟地，天每天长高一丈，地每天往下增厚一丈，就这样，过了

一万八千年，天变得极高，地变得极厚。所有的日月、星辰、风云、山川、田地、草木、金石，全是他死后身体各部分变成的。因此盘古是开天辟地的人。○依《创世记》记载，上帝用泥土造男人，叫亚当。又用亚当的肋骨造他的妻子夏娃，同放在伊甸园中。后因二人偷吃禁果，被逐出园，生了两个孩子：一叫该隐，另一叫亚伯。繁衍生息，产生了人类。因而亚当是人类的始祖。

明皇花萼　灵运池塘

【浅释】唐玄宗在宫殿的四面为他的兄弟建造住宅，在宫殿西面的叫『花萼相辉之楼』，南面的叫『勤政务本之楼』。唐玄宗经常带诸王上楼，一同听诸生奏乐，兄弟欢乐融洽。○南北朝人谢惠连，十岁就会作诗，其族兄谢灵运非常赏识他，对人说：『对惠连辄得佳语。』在永喜西堂，他曾经想写一首好诗，一整天也没写成，突然梦到惠连，便得『池塘生春草』这样好的句子。

神威翼德　义勇云长

【浅释】汉末张飞，字翼德，是涿郡人，曾和关羽一同在刘备手下为官。他英勇威武，曾经率二十骑在当阳长坂坡与曹操的追兵相敌，曹兵不敢接近他。○汉末关羽，字云长，河东解州人，早年逃到涿郡，与刘备、张飞桃园结义，如同兄弟，他曾经受刘备之托镇守下邳，曹操派兵围攻他，派张辽来劝降，羽表明三约以明其志。

羿雄射日　衍愤飞霜

【浅释】相传尧时有十个太阳，一起升到天空，稻谷、森林都被晒死了，尧就命令后羿射掉九个太阳，剩下一个，或许这就是今天的太阳了。○战国时邹衍，他听说燕昭王礼贤下士，就自梁国去往燕国，燕昭王为了建造碣石宫，把他作为典范，让大家仿效。昭王去世后惠王听信谗言，把他抓起来投入牢狱。邹衍无法申冤而仰天痛哭，当时正值暑夏，居然天降大霜。

王祥求鲤　叔向埋羊

【浅释】晋代琅琊人王祥，为人和善，非常孝顺父母，但是母亲早丧，继母朱氏尽管待他不太好，但是，他仍旧对她非常孝顺。冬天，继母想吃活鲤鱼，王祥解开衣服趴在冰上，使冰融化，结果，真跳出两条鲤鱼。○春秋时晋国人叔

向，曾有个偷羊的人，把羊头送给他的父亲，他们没吃，其母埋掉它。过了三年，偷羊的事被发现了，叔向家遭到牵累，就连忙把埋掉的羊头挖出来，骨头、肉全没了，只剩下舌头，借此为据，叔向家才获释，之后就用『羊舌』为姓。

亮方管乐　勒比高光

【浅释】东汉末年，诸葛亮躬耕南阳，在隆中隐居，作了《梁父吟》，文中他把自己比作是管仲，乐毅。〇石勒是十六国时后赵的缔造者，徐光说他强于汉高祖、光武帝，他说：『卿言太过。人贵有自知之明，朕如果遇到高祖，当北面而事之；假如遇到光武，能够并驱中原。大丈夫宜磊落如日月，终不效仿曹操和司马懿，欺凌孤寡，狐媚以取天下。』

世南书监　晁错智囊

【浅释】唐代余姚人虞世南，曾经被唐太宗称五绝：一曰德行，二曰忠直，三曰博学，四曰文辞，五曰书翰。被认为不仅有德，并且是极富才华的人。有一次，唐太宗外出，有司请求带书随他一起出去。太宗说：『出行有虞世南任秘书监，何用载书？』〇汉时颍川人晁错，钻研刑名之学，文帝时，随伏生学习《尚书》。后担任太子家令，被称为『智囊』。

昌囚羑里　收遁首阳

【浅释】周文王姓姬名昌，为殷时的诸侯，住在岐山下，他深得其他诸侯的拥戴，引起昏庸的纣王的疑心，便把他囚在羑里（在今河南汤阴县北）。〇薛收得知唐高祖要出兵伐隋，便逃到首阳山，要响应这一正义之举。到了唐时，他担任秦王府主簿，随高祖征讨王世充和刘黑闼，战绩卓著，屡建战功，被封为汾阳侯。唐太宗即位时，太宗对房玄龄说：『薛收如在，当以中书令之职任之。』

轼攻正叔　浚沮李纲

【浅释】宋代人程颐，字正叔，他十八岁时就上书劝谏仁宗执行王道，可算是有胆识的年轻人。在哲宗时，他担任讲官。他为人过于庄重，苏轼说他不近人情，就告诉顾临等人，一同写文章连名上告弹劾他。后来，他就去西京担任国子监。〇李纲在宋钦宗时当宰相。张浚担任侍御史，他以李纲买马招军罪密告钦宗，于是钦宗就贬谪了李纲相官职

位，所以李纲只做了七十天的相，人们都为他感叹。

降金刘豫　顺虏邦昌

【浅释】金兵南下，进攻济南府，知府刘豫从城墙上用绳子坠下来，投降于金兵。金兵任他担任京东西路、淮南路安抚使，还受金人册封为『皇帝』。国号『大齐』。多次配合金兵攻宋，无功而返，后被金人废黜而亡。○北宋末年，张邦昌和康王赵构一起沦为金的人质。靖康元年，金兵攻打汴京，他极力主张投降，到了第二年金兵攻进汴京，册立张邦昌为『楚帝』。金兵退却后，他也就做不成楚帝了。后来，他被贬谪到潭州，并赐他一死。

瑜烧赤壁　轼谪黄冈

【浅释】周瑜，为东汉末吴国建威中郎将。那时，曹操带兵百万要攻打吴国，很多人都认为应投降于曹操，只有他主战，请求给精兵三万抗曹。于是，驻兵赤壁，火攻曹军，把曹军打得一败涂地。○宋苏轼在湖州时，所作的诗被中丞李定、御史舒亶认定有问题，有埋怨诋毁君父之嫌，被捕入监牢，遂成『乌台诗案』。曹太后看了他写的诗，认为苏轼是被仇人陷害，于是就免罪出狱，同时被贬为黄州团练副使。

马融绛帐　李贺锦囊

【浅释】汉代扶风茂陵人马融，桓帝时担任南郡太守。他是个博学多识的贤才，有学生千余人。马融坐在高堂之上，挂着红帐，在前教授学生，后面列女奏乐，其弟子按照学识高低而分，高的能够教低的。但是他们不能到房间里去，只有卢植、郑玄可以从他的门出入。○唐代诗人李贺，他每天出门，骑一匹弱马，小奚奴背着锦囊，随在他的后面，吟成片言只语，写好后投到锦囊中，到晚上回来的时候，就整合成篇。他母亲曾说过：『此儿必呕出心乃已！』他二十七岁便死去了。

昙迁营葬　脂习临丧

【浅释】南朝人释昙迁，与范晔的关系非常密切，称得上是好朋友。范晔犯罪处以死刑，亲戚朋友都不敢靠近，而释昙迁则不一样。他变卖财物，全部用于范晔的葬礼。刘宋孝武帝得知这件事，赞誉不已，并告诉徐爰：『卿著《宋书》，勿遗此士。』○东汉末年人脂习，与孔融（字文举）是一对好朋友。魏武帝之时担任司空，名声显赫。孔融书

疏极其傲慢，脂习经常责备他。到了孔融被处以死刑，许昌这地方的官员以及与孔融很好的人都不敢收恤，只有脂习伏在尸体上痛哭，说：『文举！卿舍我死，我当复与谁语者！』魏武帝想以此治他的罪，由于这事还是合理的，因此就原谅了他。

仁裕诗窖　刘式墨庄

【浅释】后蜀文人王仁裕作了一万首诗，当时人们把他称为『诗窖子』。〇宋时人刘式。在太宗朝担任财政大臣，任职十几年，尽管掌管财政，但是死后家贫如洗，只留下几千卷的书。他的妻子陈氏指着这些书，告诉几个孩子说：『这是你父亲的「墨庄」，今日送给你们。』这之后，他的几个孩子，都以父亲为典范，遵照母亲的教导，刻苦努力，一同中了高第，成为那时的名臣。

刘琨啸月　伯奇履霜

【浅释】晋时人刘琨，他与祖逖都是以豪雄而闻名于世。永嘉初，刘琨担任并州刺史，转战诸方，到晋阳时被胡兵围困，城中窘迫，就乘月登楼清啸。胡兵听到后，都凄然长叹。又在半夜时奏胡笳，胡兵因而又流泪痛哭，以此引起他们思乡之情。天亮时，胡骑放弃了围城，退还。〇西周人伊伯奇。小的时候母亲就去世了，继母常常在他父亲跟前说伯奇的坏话，父亲偏听偏信，把伯奇赶往野外。伯奇认为自己无罪而被逐，十分哀伤，并作《履霜操》。

塞翁失马　臧谷亡羊

【浅释】边塞上有个老翁，他的马逃到了胡地，人们去抚慰他，他说：『这或许是件好事。』几月后，这只马居然带了一匹胡地的骏马回来。这时，又有人向他祝贺，他说：『这可能不是件好事。』他的儿子骑骏马，从马背上摔下来，折断了手臂。人们又抚慰他。他说：『这何尝不是好事？』后来发生了战祸，青年壮士都应征赴前线作战。大多都战死沙场，只有他的儿子因为臂折没去参战而活下来。〇依《庄子·骈拇》记载：有两个小孩，一个姓臧，一个姓谷，他们一起去放羊，两人都把羊丢了。问臧去干什么，臧说挟策读书。问谷去干什么，谷说去赌博游戏。两人同样去放羊，也同样把羊丢了，但是所做的事却不一样呀！

寇公枯竹　召伯甘棠

【浅释】寇准为宋真宗朝宰相，由于驳斥丁谓花言巧语谄媚人，而被诬赖遭贬谪。临走前剪竹插在神祠前面。祝道：『准如无负朝廷。枯竹再生。』他走后，枯竹当真活了过来。后人把它称为相公竹。○召公，在周宗室任职，施行仁政。曾经到南国巡视，路上曾在甘棠树下休息。他去世后，老百姓作《甘棠》来悼念他。

匡衡凿壁　孙敬悬梁

【浅释】汉时人匡衡。小时候家境贫寒，但非常好学。得知同县大姓藏书丰富。他就去做大姓人家的佣仆，不要他们的报酬。主人感到很惊讶，就问为什么？衡说：『愿得藏书遍读之。』主人深受感动就把藏书给他看，有时晚上读书没有蜡烛，他就凿穿墙壁，借邻居的灯光来读书。○汉时人孙敬，他好学不倦，为了防止瞌睡，凡是夜晚读书，都要把头发用绳子系在房梁上，假如睡了，头发被绳子一拉就会醒过来。这样，就能够继续读书了。

衣芦闵损　扇枕黄香

【浅释】春秋鲁国人闵损，字子骞，幼年丧母，继母虐待他，只偏爱自己的两个孩子，冬天自己的孩子穿棉衣，闵损只穿芦花絮的。父亲得知这情况后，想把继母赶走。闵损这小孩很明白事理，竭力劝止父亲，并对他的父亲说：『母在一子寒，母去三子单。』他的父亲听后觉得很有道理，接受了他的意见，继母也为之感动，也由此醒悟过来。○黄香，九岁的时候母亲就去世了，他非常孝顺父亲，夏天时用扇子扇凉枕头席子。冬天时用自己的体温先暖被褥，然后再让父亲入睡。长大之后，他博学多识，京城里的人都称颂说：『天下无双，江夏黄香。』

婴扶赵武　籍杀怀王

【浅释】程婴，春秋时晋国人，为人善良仁德。他同公孙杵臼都是赵盾的门客。晋国的权臣屠岸贾杀害了赵盾的全家。赵盾的妻子生遗腹子赵武。屠岸贾听说后到处寻获赵武，杵臼找了一小孩充当孤儿。藏在山里，让程婴假告发这件事。屠岸贾得知是杵臼藏起孤儿，于是派兵去捉拿杵和孤儿，把他们杀掉。结果，程婴抚养了赵氏孤儿十五年，赵武长大之后，杀了屠岸贾，终于为家人报仇雪恨。○项梁发起战事，范增建议，到民间找到楚怀王的孙子，把他立为怀王，用来满足百姓的心愿。后来，项羽（即项籍）尊其为义帝。秦灭亡后，项羽自封为西楚霸王，就派

人把义帝迁徙到长沙来，暗地里命令九江王英布在江中把义帝杀掉。新城三老董公劝说汉高祖为义帝发丧，并带领诸侯部队征讨项羽。

魏征妩媚　阮籍猖狂

【浅释】唐太宗的宰相魏征，以敢于直谏而闻名于世。他曾因事进谏唐太宗，太宗不同意，他就不应答太宗的问话。太宗说：『应而后谏，何伤？』魏征就说：『从前舜戒「面从」，今臣心知其非而口应陛下，这就是「面从」。这难道是贤臣事明君之法吗？』太宗笑着说道：『人言魏征疏慢，我视之更觉妩媚』。○阮籍，由于处在魏晋易代之时，社会动荡不安，很不正常，更因司马氏专权，所以，他总是纵酒谈玄，不许论人物好坏，也不议论时事，以求得保住性命。有时，索性闭门读书，接连几个月也不出门外。有时，就去登山游览自然风光，居然一整天也不回来。有时，心中没目的地也没方向地驾车，到了无路可走了才痛哭而回。

《雕龙》刘勰　《愍骥》应玚

【浅释】刘勰，南朝梁人，撰有《文心雕龙》五十篇，为我国古代第一部文学理论著作，到现在还具有参考价值。刘勰家境贫寒，没结婚。也曾精心研习佛教经典，晚年出家当了和尚。○东汉末年，应玚为『建安七子』之一。他正巧遇到董卓之乱，宦途坎坷很不得志。曾写《愍骥赋》，这篇文章通过哀叹良骥来寄寓自己怀才不遇的心情。

御车泰豆　习射纪昌

【浅释】西周时，造父想随泰豆学习驾车之术。然而泰豆三年都不教他，造父并没因此而不高兴，反而更加谨慎而恭敬地待他。泰豆被他感动，才对他说：『良弓之子必先为箕，良治之子必先为裘。学驾车，要先随我疾走，然后六辔可持，六马可御。』遂后，他就立木为路，只可容足，沿木而走，跑步往返，不摔跤。造父依照泰豆的要求练习，仅用三天时间就全部学会了所应该掌握的要领。后来，泰豆还教他更得心应手的妙法。○《列子·汤问》记载：纪昌想和飞卫学习射箭之术。飞卫告诉他：『学射须先学会不眨眼。』纪昌回到家后，每天躺在织布机下，睁着眼看梭子来回穿动。三年之后，锥尖要触碰眼睛他也不会眨眼。飞卫对他说：『要视小如大，视微如著。然后，再来告诉我。』纪昌用马尾把虱子悬挂在窗户前面，每天看它，虱子渐渐变大了。三年后，再看虱子就像车轮一样。看别的东西则大

得像山一样。此时，他能够射虱心而马尾不断。

异人彦博　男子天祥

【浅释】宋朝文彦博担任宰相。有一次，契丹派耶律永昌来朝觐，见到文彦博，吓得后退了几步。站立着，然后改变脸色说：『此潞国公耶？何其壮也！真天下异人！』文彦博，就是如此端庄威严的样子。〇宋爱国将相文天祥，带兵抗击元的入侵，兵败被元所俘，元主想任文天祥为相，他拒不接受，坚强不屈，之后被杀害。元主临朝叹息说：『文丞相称男子，本朝将相皆不能及，诚可惜也！』

忠贞古弼　奇节任棠

【浅释】北魏朝廷宦官古弼，以忠直闻名。有一次，他去向皇帝上书请减花囿，恰巧太宗与刘树在下棋，古弼坐着等了很久，就站起来朝刘树骂道：『朝廷不理，实你之罪！』太宗感到非常惊诧，便说：『不听奏事，朕之过。树何罪？』古弼仍旧把要上奏的话说出，皇帝认为太奇怪了，但还是让他上奏了。〇汉人任棠，隐居汉阳，设馆办学，教授门生。汉阳太守曾拜访他，任棠不和他说话，只是抱着孙儿坐在门边，身旁放一个菹，一壶水。这位太守思考了很久，才突然醒悟过来说：『水者，欲我清廉；拔菹者，欲我不畏豪强；护儿当户，欲我开门恤孤。』

何晏谈《易》　郭象注《庄》

【浅释】何晏，字平叔，三国时魏人，自称精通《易》。一天，与管辂一同谈论《易》，那时邓玄茂也在坐，说：『君善《易》。为何言谈不及《易》中辞义？』管辂说：『善《易》者不谈《易》中辞义。』何晏面带笑容地说：『可谓要言不烦。』〇晋朝的向秀曾注《庄子》，那奇妙的注释十分别致，说得玄而又玄。其中《秋水》和《至乐》两篇还没有注完，便过世了，郭象窃其为己有，自注《秋水》，又更换《马啼》一篇，其他的只是点定一下文句，没做注释。

卧游宗子　坐隐王郎

【浅释】南朝宋宗炳，喜好游览山川美景，隐居不做官，曾把自己的房屋建在庐山。后来因病还金陵，把所游览时见到的山水画下来，对人说：『抚琴动操，欲令众山皆响。』又说：『老疾俱至，名山恐难遍睹，惟卧以游之。』〇晋

时人王坦之，是个大宦官，勇任侍中，中书令，领比中郎将，誉满朝廷，被人称为王中郎。《世说新语》中记载：『王中郎以围棋为坐稳，支公以围棋为手谈。』

盗酒毕卓　割肉东方

【浅释】晋时人毕卓，是个嗜酒如命的人。大兴末，他担任吏部郎，有一次，邻居酒酿好了，毕卓由于喝醉了，夜里又跑到邻家瓮下偷酒喝，被主人抓住绑了起来。天亮后，主人一看，才知是毕卓吏部郎。〇汉代东方朔，是个很滑稽诙谐的人。有一次，汉武帝祭祀完后，赐肉给随从官员，大官没到，东方朔擅自割肉而回，有司上书皇帝，帝叫他自我反省。东方朔第二次拜告皇帝：『受赐不待诏，何无礼也！拔剑自割，何壮也！割之不多，何廉也！归遗细群（指妻子），又何仁也！』帝笑着说：『令卿自责，而反自誉。』又赐酒和肉给他。

李膺破柱　卫瓘抚床

【浅释】汉朝司隶校尉李膺，疾恶如仇。当时内侍张让的弟弟张朔担任野王令，残暴贪婪。他畏怕李膺问罪，于是逃回京城，藏躲在他的兄长张让家的合柱里面。李膺得知后，就随所带的吏卒破柱，把张朔抓获，送到洛阳监牢关起来，随后杀掉。从此以后内侍才畏惧而有所收敛。〇晋惠帝当太子时，非常愚昧并且庸俗，常为非作歹，群臣们都不愿让他继承皇位，但又畏怕贾后，因此也都不敢吭声。只有侍中卫瓘乘喝醉酒，跪在武帝床前说：『臣欲有所启。』武帝说：『卿何言？』卫瓘想讲，但又不敢，接连三次之后，才用手抚床说：『此座可惜！』武帝听后才领会过来，说：『公真大醉也。』

营军细柳　校猎长杨

【浅释】汉文帝时的将军周亚夫，驻军细柳，以防御匈奴。刘礼驻军霸上，徐历驻军棘门。汉文帝亲自去犒劳他们。先到霸上、棘门，然后到细柳，先导告知：『天子将至。』军门都尉说：『军中只听将军令，不听天子之诏。』文帝就派人持节诏将军，周亚夫就下令开辟门。门卫又说：『将军有令：营中不得跑马。』文帝就按辔慢走。走到军营当中，周亚夫说：『甲胄之士不能拜。』文帝对随从的人说：『真将军也！霸上、棘门如儿戏耳！』〇汉成帝外出打猎，把捕捉到的野兽送往长杨村熊馆，用来向胡人显耀，但是老百姓却不得安宁。因此，杨雄写《长杨赋》给予

嘲讽。

忠武具奠　德玉居丧

【浅释】宋爱国将领岳飞，谥号忠武，出身贫寒，刻苦学习。他曾随周侗学习射击，非常有成效，能左右开弓。周侗去世后，他每到朔望日，卖衣备酒肉前往周侗家祭奠，并泪流满面，非常悲伤。〇元时人顾德玉，字润之，他向俞观光学习，俞观光没有儿子，曾经说：『我病润之待我汤药，情若父子。我老，必托之以死。』俞观光去世后，顾德玉把俞观光安葬在顾氏祖墓的旁边，每年和家人一起来祭扫。

敖曹雄异　元发疏狂

【浅释】高昂，字敖曹，北朝齐人，姿态雄异，年轻的时候不听从老师的教诲，经常说：『男儿当横行天下，自取富贵，谁能端坐读书作老博士？』北齐神武帝时担任西南道大都督，渡河祭河伯时，他说：『河伯是水中之神，高敖曹是地上之虎。』〇宋时人滕元发，字达道，生性疏狂，曾经是范仲淹的门客，嗜酒成性。有一天，范仲淹点亮蜡烛读书。他酒醉后走了进来，看到范仲淹就不停地作揖，问范仲淹读什么书，范仲淹答：『汉书』。又问汉高祖是什么人，范仲淹没回答就走了出去。

寇却例簿　吕置夹囊

【浅释】宋朝真宗时宰相寇准，他任派官员不论资排辈，不依照惯例。所以，同列特别不高兴，侍从曾进例簿，寇准对此严肃地说：『宰相的职责是进贤退不肖，如果是使用例簿，这仅是一个小吏的职责！』于是，把例簿废除。〇吕蒙正，字圣功，宋时河南人，淳化、咸平时都居于相位。夹囊中有册子，每遇来人谒见，都必定询问是什么人才，立刻记下来，并分门别类，以备选用。朝廷选拔好人才，能够从其囊中选用，所用的人都很合适，能够说是做到了量才取用的程度。

彦升白简　元曾青箱

【浅释】南朝人任昉，字彦升，擅长做文章，沈约推重其文，所以也出了名，他早先担任南齐太学博士。后来，在梁武帝时担任御史中丞，每奏弹劾，必说：『臣谨奉白简以闻。』〇王准之，字元曾，了解江左旧事，缄之青箱，由于

世代相传，因此被人们称为『王氏青箱学』。从他祖父开始，四代担任御史中丞，百官特别惧怕他。

孔融了了　黄宪汪汪

【浅释】东汉人孔融，十岁时随他父亲到了洛阳。那时李膺享有盛名，因此造访者络绎不绝。孔融对他的门人说：『我与李府君为通家之好。』进去坐定后，李膺问：『尊祖、父与我有旧乎？』孔融答道：『我先君仲尼与君先人李伯阳（即老子）相师友，则融与君累世通家。』李膺和宾客听了他的话，都觉得很诧异。在座的大夫陈韪不以为然，说：『小时了了，大未必佳。』孔融接着他的话，回答说：『想君小时，必当了了。』○汉代汝南人黄宪，字叔度。郭泰到汝南，先探访袁奉高，稍作停留就走了。再探访叔度，却住了好长时间，人们问他为什么，他说：『奉高之才譬如水之泛滥。虽清而易挹，叔度汪汪若千顷波，澄之不清，淆之不浊，不可量也。』

僧岩不测　赵壹非常

【浅释】赵僧岩，南朝齐人，器量宏大，深不可测，他有个朋友担任青州太守，想推荐赵僧岩为秀才。他知道大为震惊，拂袖而去。他不想当官，便入佛门当和尚，隐居在山谷中，同酒壶做朋友，成天喝酒，以度时光。○东汉人赵壹，字元叔，他曾借以到京城送计簿，而见到司空袁逢，不断地作揖，就是不拜。袁逢责怪他没礼貌，赵壹说：『昔郦食其不停地向汉王刘邦作揖，今我揖三公，有什么奇怪呢？』袁逢听到后走下座位，握住他的手以表尊敬。又有一次，他去探访河南尹羊陟，见不到，他就登堂大哭，羊陟得知他不是凡人，就与他相见。第二天，羊陟看望各个送计簿的官吏，看到所有的人都穿着华丽，随带骑从，只有赵壹乘着旧车，羊陟被他的品行所感动，更为器重他，并把他举荐给朝廷。

沈思好客　颜驷为郎

【浅释】唐时人吕岩，号洞宾，传说得道后长生不老，于宋熙宁九年曾游览湖州东林。当地有个叫沈思的人，能酿造十八仙酒，吕洞宾向他求饮，自上午到晚上，吕洞宾面无酒色，题诗壁上：『西邻已富忧不足，东老虽贫东有余。白酒酿成缘好客，黄金散尽为收书。』○汉人颜驷，到了年老才出仕，做了郎中官。有一天，汉武帝巡察郎署，问他缘由。颜驷答：『文帝喜欢文，但我习武；景帝好美男，而我却貌丑；陛下喜欢提拔年轻人，但我却老了。因此三世不

遇。』武帝听过后，为他感叹，就把他任为都尉官。

申屠松屋　魏野草堂

【浅释】东汉时人申屠蟠，字子龙，隐居钻研学问，遍读经典，精通『五经』。他发觉汉朝即将动乱，多次拒绝朝廷请他出山做官的诏书。在山上依松建房，闭门谢客。那时董卓专权，很多官员被杀害，只有申屠蟠免遭此劫，人们佩服他具有先见之明。〇宋时陕州人魏野，字仲先，他曾经在城东边的郊外建草堂，引水种竹，还凿了土洞，外出时骑坐白驴，号『草堂居士』，喜爱弹琴，也喜欢写诗。写有『洗砚鱼吞墨，烹茶鹤避烟』等这样非常贴近生活的佳句。

戴渊西洛　祖逖南塘

【浅释】晋时人陆机，返回洛阳时，随带了许多行李。有个叫戴渊的人，擅长武功，却唆使一些年青人抢夺陆机的行李。陆机知道他，就在船中远远地对他说：『你有如此才能。为何做贼？』戴渊听后流下了泪水，把剑抛到地上。陆机上了岸，与其交谈，最终结成了好朋友。后来，并为他作书推举，让他成为征西将军。〇晋人王导，相传有一天去探访祖逖。突然发现祖逖家中有很多裘袍，层层叠叠的，珍饰也很多，一排一排的。王导诧异地问他。祖逖说：『昨夜复南唐一出』。王导得知祖逖在还没有出来当官时，曾经在南唐唆使那些年轻力壮会武的人去抢夺别人的财物。

倾城妲己　嫁虏王嫱

【浅释】纣征讨有苏氏，有苏氏实施美人计，把自己貌美的女儿妲己进献给他。商纣相当宠爱，整天沉迷于酒色之中，所以亡国。后来人就用『倾国倾城』来形容女子美貌。〇汉元帝派画工画后宫美女，然后照图画选召宠幸。美人们为了入选都贿赂画工。王嫱（即王昭君），姿容动人，但是坚决不贿赂画工。于是，画工毛延寿就故意把她画丑，不露本貌。匈奴单于入朝求亲，元帝就把王嫱许配给单于。临行前辞别元帝，帝看见王嫱光彩照人，非常悔恨，于是就杀掉了画工毛延寿。

贵妃桃髻　公主梅妆

【浅释】唐玄宗和杨贵妃在宫中设宴娱乐，此时正值桃花繁盛之季，唐玄宗亲自折一枝桃花插到贵妃的发髻上，说：

『此花亦能助娇态。』〇南朝宋武帝的女儿寿阳公主，有一天在含章殿的房檐下躺卧着。一朵梅花落到她的额头上，显得极其妩媚动人。于是，宫中女子纷纷仿效公主，做成一种面饰，称为『梅花妆』。

吉了思汉　供奉忠唐

【浅释】秦吉了（鸟名），白色的毛，红色的头，样子像鹦鹉，耳朵很灵锐，舌头很灵巧。有个夷人曾买回一只，吉了说：『我汉禽，不入夷地』。它受到惊吓，拒绝进食，所以死了。〇因为黄巢造反，唐昭宗逃到蜀中，随从御驾中有个养猴的人。他教猴子像臣子他们一样生活，臣子什么时候起床吃饭上朝，就让猴子也同时吃饭和起床上朝，唐昭宗赐它红袍，号『供奉』。后来，朱全忠篡位，向猴子命令行臣子的跪拜礼。猴子见到朱全忠，就直奔过去，跳跃，冲撞，于是被杀掉。

第四卷

八 庚

萧收图籍 孔惜繁缨

【浅释】沛公刘邦攻入秦都咸阳，将领们都争先恐慌后打开府库、分取金银财物。惟有萧何首先进入宫室，将秦朝的法律、诏令、文书等文献档案收藏起来。刘邦之所以能详细了解天下的险关要塞，户口多少，地方好坏，民众疾苦，就是因为萧何完整地保存了秦朝的文献档案。〇公元前589年，卫国大夫孙桓子率师伐齐，在新筑被齐师打败。由于新筑大夫仲叔于溪的奋力救护，孙桓子才得免一死。卫穆公要赏地给促叔于溪食邑，他坚辞不受，却请求得到诸侯所用的三件悬挂的乐器，并用繁缨装饰马匹以朝见穆公，卫公应允了。孔子听说这件事，感慨地说：『可惜啊，还不如多给他些城邑。礼器和名号，是不能借给别人的。』在孔子看来，礼制是不可逾越的。繁缨：诸侯所用的马腹带饰。

卞庄刺虎 李白骑鲸

【浅释】卞庄子，春秋时鲁国卞邑大夫。他性格刚强勇敢，有膂力，曾刺虎。馆竖子教给他一举获两虎的方法：让他专等两只虎争吃牛时下手，说那样就省力多了。因牛肉味美，两虎必斗，这样大者伤，小者亡。只要刺受伤的虎，就可以一举两得。卞庄子听从了他的计策，结果很快就杀了虎。〇相传李白晚年去访问任当涂令的族叔李阳冰，在采石（今安徽马鞍山市长江东岸）附近的江中泛舟，饮酒大醉，见水中皎月，呼而捉之，坠水而死。后人在采石建捉月亭纪念他。又传说他并未死，而是骑鲸升天了。宋代著名诗人梅尧臣诗云：『采石月下逢谪仙，夜披锦袍坐钓船。醉中爱月江底悬，以手弄月身翻然。不应暴落饥蛟涎，便当骑鲸上青天。』就是吟咏这一传说。其实李白是病死的。

王戎支骨 李密陈情

【浅释】晋代的王戎、和峤两人都死了父亲，王戎因过分哀伤，身体虚弱，瘦骨嶙峋。和峤痛哭不已，做了孝子应该做的一切事情。晋武帝对刘仲雄说：『你是不是常去看望王戎与和峤？听说和峤哀伤过度，真令人担心！』刘仲雄说：『和峤虽然极尽孝子之礼，但精神还不错，王戎虽然礼行不周，却悲伤得瘦骨如柴了。我以为，和峤是生孝，而

王戎则是死孝。所以，陛下应为王戎担心，而用不着担心和峤。』○李密，晋朝人，字令伯。父早亡，母改嫁，祖母把他抚养成人。晋武帝征召李密为太子洗马，李密上表，请求皇帝允许他在家侍奉祖母。表中说：『我没有祖母，就没有今天。祖母没有我，就无人赡养。我们祖孙二人，相依为命，我不能离开她呀！』晋武帝看后感慨地说：『李密并非徒有其名呵！』于是下令嘉奖他，并赐给他两名奴婢，还让当地政府给他家送去粮食。

相如完璧　廉颇负荆

【浅释】战国时赵国从楚国得到了和氏璧，秦昭襄王告诉赵王，声称愿用十五座城池换取它。蔺相如带上璧来到秦国，献给秦王。但秦王没有一点划城池给赵国的表示。蔺相如于是说璧上有瑕疵，收回璧，让秦王斋戒五天然后正式交璧，暗中却派人把璧送回了赵国。○廉颇和蔺相如都为赵国大臣，先前蔺相如在渑池挫败了秦王侮辱赵王的阴谋，以功封上卿，地位在廉颇之上。廉颇不服气，准备当众侮辱他。蔺相如便处处躲避着不与廉颇碰面。相如的门客以为这是耻辱，蔺相如告诉他们说：『秦国不敢进攻赵国，是由于赵国有我和廉将军的原因。我之所以这样，是考虑到国家的安危重于个人恩怨。』廉颇听说后，便脱掉衣服，背负荆条登门请罪，两人从此结为生死之交。

从龙介子　飞雁苏卿

【浅释】春秋时晋国人介之推曾追随晋公子重耳长期流亡。重耳回国成为晋文公，封赏随从者百余人，惟独遗漏了介之推。他便与母亲一起隐居绵山。他的随从为他抱不平，在宫门口大书这样一段话：『有龙矫矫，遭天谴怒。三蛇从之，一蛇割股。二蛇入国，厚蒙爵土。余有一蛇，弃于草莽。』文公感悟，说：『这是寡人的过失。』求之不出，便焚山迫其出，而介之推竟抱着树木活活烧死。○苏武出使匈奴后，一直被匈奴扣留在北海牧羊。汉昭帝即位后，匈奴与汉和亲，汉求归还苏武等人。匈奴谎称苏武已死。后来汉使又出使匈奴，苏武的副使常惠请求看守他的人与他一起深夜见汉使。他对汉使详说这些年的经历，并给使者出主意，让他对单于说：『汉天子在上林苑中狩猎，射中一雁，足上系有绵帛写的书信，上面说明苏武在某泽中生活。』使者便依常惠所教，谴责单于说谎。单于只能向汉使谢罪，承认苏武确实还活着。

忠臣洪皓　义士田横

【浅释】宋代忠臣洪皓，在建炎年间出使金国。金国却把使者扣留起来，长达十五年之久。当时的人把洪皓比作苏武。他在被扣留的十五年中，始终坚贞不屈，忠于宋室，搜集金国情报，秘密派人送回宋国，其爱国精神感人肺腑。他到了绍兴十二年才回到宋。〇齐相国田横，从韩信伐齐后，自立为齐王，带领部下五百人逃往海岛。汉高祖刘邦称帝，派遣使者劝降。田横跟使者同往洛阳，还没走二十里路，觉得投降于汉，非常羞耻，于是自杀身亡。原来跟他一起逃到海岛的部属听到田横自杀，他们也都自杀了。听到这件事的人，感到很震惊，认为他们是义士。

李平鳞甲　苟变干城

【浅释】诸葛亮驻军祁山，李平主管运送粮草。没有按时运到，便假借皇帝的名义，劝诸葛亮退兵。退兵后，李平又假装吃惊，似乎根本不知道此事，意在推卸责任，并找借口说假退兵可诱敌作战。诸葛亮便拿出他先前所写的书信，指责李平前后不一，玩忽职守的做法。诸葛亮给蒋琬和董承写信说：『陈震（字孝起）以前曾告诉我，李平长得像龙一样，脖下有鳞甲，只能顺着他，而不能触犯他。但我看他除有鳞甲外，还有苏秦和张仪之辈要弄花招的本事。』随后将李平降为平民。〇苟变，战国时卫人，有将帅才。子思向卫侯介绍说：『苟变的才能可率五百辆战车。』卫侯说：『我知道他有这样的才干，但他以前作小吏时，曾在收税时吃过别人两个鸡蛋，所以不能用他。』子思说：『贤君选人任官，应象木匠使用木料，用其所长，弃其所短。我们现在处于列国征战的时期，要善于选拔那些有军事才能的人，怎能因吃了两个鸡蛋就不用御敌保国的将材呢！此事不可让邻国知道啊！』卫侯再拜说：『谨领教诲。』

景文饮鸩　茅焦伏烹

【浅释】一晚，王景文正与客人下棋。突然皇帝送来诏书，景文接过诏书，知道皇帝赐其死命。续奕不久，胜败定局，他把棋子放到盒中去，然后，拿出诏书让客人看，不由分说举起鸩酒，对客人说：『此酒不可相劝。』抬起头一口喝下去，毒发身亡。〇传言秦太后跟人私通，欲谋反。事情发生以后，秦始皇相信了。同时把太后迁徙到雍地去。且下令：敢以太后事谏者杀。前前后后杀了上谏者二十七人。其中有个齐客名叫茅焦，他虽知进谏会有杀身之祸，仍

不顾死活进了谏，讲明利与害。说罢，自解衣愿受烹刑。他的言行，使秦始皇醒悟过来。才叫太后回咸阳，并立茅焦为仲义，尊为上卿。

许丞耳重　丁掾目盲

【浅释】汉朝许丞是个年迈耳聋的老官员，在颍川太守黄霸手下任职。督邮请求罢他的官，让他回去。黄霸对他很了解，就说：『他是个廉洁的官员，年老耳聋没什么妨碍。』但是有的人还问不罢官的原因。黄霸接着又对他们说：『常常更换官员，是件麻烦的事，而且新换来的官员，不一定就是好的，弄不好他们凑在一起，还会出乱子。』所以，在用人上，只能把表现太坏的辞去就可以了。黄霸的用人之道，很具有实践性。〇三国时有个奇人叫丁掾，字正礼。他瞎了一只眼睛，曹操极欣赏他的才华，想把其女嫁给他。曹丕劝曹操说：『正礼目眇，恐爱女不悦』。于是，曹操多次找他面谈，总觉得丁掾是个奇才，仍欲将其女嫁给他。责备曹丕说：『使丁掾两目俱盲，尚当以女妻之，况只眇乎？』由此可见曹操惜才之甚。

佣书德润　卖卜君平

【浅释】三国东吴的阚泽，字德润。他家贫好学，替人抄书过日，在抄书中他有机会阅览了古代典籍，成了『经书通』。每次朝庭议事，有关经典问题，都请教他。〇算命先生严遵，字君平，平日靠替人算命过活。他生活上要求不高，只要所赚的钱够日常家用，就满足了。平常就争取一切时间读《老子》等经典，学问很渊博。然而他一生不求仕途，从未当过官。

马当王勃　牛渚袁宏

【浅释】唐代王勃，精通诗文，是个才子。马当：马当山，王勃去探望父亲路过这里。船至江西南昌，刚好遇上都督阎伯屿重修滕王阁，举行竣工大典宴请官员宾客，于是王勃被邀赴宴。阎都督都督想夸耀女婿的文才，叫他预先写好序文，并在席间邀请宾客当场作文吟诗，大家都默不作声，惟王勃接受了。阎闻王勃诗句『落霞与孤鹜齐飞，秋水共长天一色』之后大为震惊，称他『年少天才』。〇晋袁宏是县令之子，未曾为官，平时替人接送货物。一年的中秋之夜，路经牛渚，诵读所作的咏史诗，当时征西将军谢尚，正在泛舟赏月，听到咏诗声，欲知是谁，即派人

前往查问。回告说是县令袁临汝之子所诵。谢尚把他请到船里来，两人谈论到天亮。打这以后，他的名声一天比一天大。

谭天邹衍　稽古桓荣

【浅释】战国时的阴阳家邹衍自梁至燕，燕昭王为他建造了碣石宫，以老师的礼节对待他。相传燕多谷地，气候寒冷，不生黍稷。邹衍为天吹奏律吕，使气候温暖，粮食才生长出来。他创阴阳五行之说，解释时世兴衰之因，论述天道变迁之理，人称『谈天邹』或『谈天衍』。〇桓荣家贫，靠替人佣作自给。汉光武朝拜议郎，教授太子经书。光武帝到太学，遇到诸博士在互相辩论经义。桓荣辩明经义，都是以理服人，不以辞长胜人。光武帝赐以辎车、乘马，迁他为少傅。桓荣会集诸生，把车马、印绶陈列于前，说：『今日所得的恩赐，稽古之力也。』稽古：研究经文原意。

岐曾贩饼　平得分羹

【浅释】赵岐是东汉经学家，著有《孟子章句》，收入《十三经注疏》。他为人廉直疾恶。官司空掾，曾谏宦官唐衡及其兄玹。唐玹怒，要抓他。他隐姓埋名逃到北海贩饼为生。孙嵩察觉他不是一般人，停车呼他共乘。赵岐久闻孙嵩大名，即据实相告。孙嵩便把他带回家，藏在夹壁墙中，直到遇赦。〇郑平，唐玄宗时为户部员外郎，是奸相李林甫的女婿。传说一天李林甫见他须发花白了，就对他说：『明天皇上将赐甘露羹，郑郎若食，即使须发全白了也能转黑。』次日，太监果然送来甘露羹。李林甫分给郑平吃了些。过了一晚，郑平斑白的须发全变黑了。

卧床逸少　升座延明

【浅释】王羲之字逸少，东晋书法家，王导之堂侄。曾官至右将军，会稽内史，世称『王右军』。太尉郗鉴要在王导家挑选女婿。考察的人回来后向郗鉴汇报说：『王氏诸郎都不错，但听说要来择婿，一个个都表现得自负和高傲。只有一郎在东床上光着肚子躺着吃胡麻饼，好像根本没这回事。』郗鉴听了后说：『这正是我所要选的女婿啊！』郗鉴访问后才知道他是王羲之，便把女儿嫁给他。后世遂以『东床』指代女婿。〇刘昞，字延明，北朝后魏人，师从博士郭瑀。郭瑀有女，年方十五，瑀要为其择婿，而女心悦刘昞。因此郭瑀便特别安排了一个座席，对诸弟子说：『我有一女，欲择佳婿。谁能坐得此席者，我就把女儿嫁给他。』话音未落，刘昞就立刻抖擞衣服坐到了那特设的席位上。

他神情严肃地说：『延明我就是那个人了。』于是，郭瑀就把女儿嫁给了他。

王勃心织　贾逵舌耕

【浅释】唐初王勃，六岁能文，九岁那年读颜师古的《汉书注》，然后写了《指瑕》一书，指出书中的错误。他诗文优美，同杨炯，卢照邻，骆宾王齐称『初唐四杰』。所到之处，人们都请他写文作诗，因此得到许多酬赠的金子丝绸。世人都说王勃是心织笔耕。王勃作文章时，先磨好许多墨汁，然后盖上被子蒙头卧床，突然爬起，提笔挥墨，不作修改，一气呵成。当时人们都称这是『腹稿』。〇东汉贾逵，字景伯，家境寒微，他设立学堂，招收弟子教书，到他那里学习的人不远万里而来，使他收到很多粮食，慢慢装满了仓库。有人说：『贾逵不靠出力种地得到粮食，而靠教授经典古籍，这是舌耕所得。』明帝时，赐他纸笔作《神雀颂》，并任为郎，与班固一起校点宫中藏书。

悬河郭子　缓颊郦生

【浅释】晋代郭象，少年有才，好老庄，善谈老庄玄学。王衍评价郭象说：『每次听郭象的谈论，真如高悬的长江大河之水倾流而下，永不会枯竭。』〇魏豹，西汉初期人，魏王的儿子。陈胜起义后，父王被杀，他自立为魏王。楚汉相争时，他支持刘邦，但后来又叛变了。刘邦得知魏豹叛变的消息后，对郦食其说：『你替我婉言劝说魏豹，如能说服他归顺，我就封你为万户侯。』郦食其前去游说，魏豹说：『汉王随意漫骂侮辱诸侯和大臣，就如对待奴仆一样，不讲究君臣礼节，我不想再见他了。』刘邦即派韩信击败了魏豹，并俘虏了他，让他守卫荥阳。当时，楚汉战争激烈，周苛认为魏豹是个叛逆，刘邦便杀了他。缓颊：婉言劝说，或代人说情。

书成凤尾　画点龙睛

【浅释】萧锋是南朝齐高帝第十二子，封江夏王。相传他四岁时便会靠着井栏学写字，在地上写满了就洗去再写。早晨起来不拂拭窗尘，先在尘上写字。五岁时，高帝就让他学书凤尾诺，他初学就写得很好。高帝大喜，赏他玉麒麟。说是『麒麟偿凤尾也。』凤尾诺：古代签署文件叫署诺。把『诺』字写成像凤尾的形状，称凤尾诺。〇张僧繇是南朝梁时著名的画家，擅长人物和佛教画。他所绘的佛像自成一派，有『张家样』之称。所画诸王肖像，武帝看了认为

『对之如面』，像真人一样。传说他曾给金陵安乐寺作壁画，画了两条活灵活现的龙，张牙舞爪，鳞甲俱动，但都没有画眼睛。别人问为什么，他说要是点上眼睛恐怕这龙就要飞了。人不信，再三请求画上眼睛。结果刚画上一条龙的眼睛，就见雷电破壁，这条龙立即乘云腾飞上天，只剩下那一条未点睛的龙还在壁上。

功臣图阁　学士登瀛

【浅释】唐太宗李世民于贞观十年命令大画家阎立本在凌烟阁画上开国功臣们的像。他们是：长孙无忌、李孝恭、杜如晦，魏征，房玄龄，高士廉、尉迟恭、李靖、萧瑀，段志宁、刘弘基、屈突通、殷开山，柴绍，长孙顺德，张亮，侯君集。张公瑾，程知节，虞世南、刘政会，唐俭、李勣，秦叔宝等二十四人。用来象征二十四个节气，以代表天地旋转，万物的生灭变化。○唐高祖李渊武德三年，秦王李世民由于功高，被提升为天策上将，并受命建立府衙。李世民便在宫殿西部开设文学馆，召纳四方有识之士，共有杜如晦、房玄龄，虞世南，褚亮，姚思廉，李玄道、蔡允恭、薛元敬、颜相时，苏勖，于志宁，苏世长，薛收、李守素、陆德明、孔颖达，盖文达、许敬宗等十八人为文学馆学士。他们在馆里轮流值班，李世民一有空闲，便到馆里询问政治事务，讨论古代典籍，有时到半夜才入睡。这十八位选入文学馆的人，被称为『十八学士』，当时被选中了，就称为『登瀛洲』。

卢携貌丑　卫玠神清

【浅释】卢携，唐朝人，面貌丑陋，但文章写得不错。他把自己写的文章送给尚书韦宙指点。韦宙家的孩子们常常随便侮辱嘲弄他，韦宙说：『卢携虽然其貌不扬，但看他的文章写得呼应有致，将来必定会显贵。』后来，卢携真如韦宙说的那样，做了大官。○卫玠，晋朝人，字叔宝，神志清雅，气韵非凡，人称璧人。卫玠的舅舅王武子感叹说：『和珠玉在一起，真让人自惭形秽。』他还说：『和卫玠交往，犹如明珠在身旁，光彩照人。』卫玠官至太子洗马。后来他迁家到建业，围观他的人特别多，就像一堵墙一样。他二十七岁早逝，当时有『看杀卫阶』的说法。

非熊再世　圆泽三生

【浅释】唐代诗人顾况兼工书画，性恢谐，好讽刺权贵。曾任校书郎、著作郎等职，后隐居茅山，自号『华阳真

逸』。传说顾况曾丧一子，年方十七，他的游魂不离其家。顾况悲伤不已，哭吟道：『老人丧一子，日暮泣成血。心逐断猿悲，迹随鸟飞灭。老人年七十，不作多时别。』儿子的游魂听后感动，发誓如若转世做人，当再为顾家子。后来游魂被神带到一处，忽然心醒，开眼认得屋宇兄弟等，只是说不得话。这转生在顾家的儿子就是顾非熊。会昌五年（公元845年）中进士。〇唐代僧人圆观又名圆泽，与李源相善。两人一起游峨嵋，舟停南浦。看见一位孕妇站在船边，圆观对李源说：『这妇人已怀孕三年，一直在等我做她的儿子，今天既已相见，怕是劫数难逃了。十二年后中秋月夜，你我当在杭州天竺寺再见。』说完当晚就死了。十二年后，李源到杭州天竺寺前，听见一个牧童唱道：『三生石上旧精魂，赏月吟风不要论。惭愧情人远相访，此身虽异性长存。』这牧童便是圆观转生。这是宣扬佛教轮回宿命的传说，后人却真把杭州天竺寺后的山石指为『三生石』。

安期东渡　潘岳《西征》

【浅释】晋代的王承，字安期，后来他离官东渡过江，由于路途不畅，随行人员都很害怕，但王承遇到艰险，依然泰然处之，即使家里人也难以发现他的喜忧之色。到了下邳之后，王承登山向北而望，感慨万千：『人们都说愁，我现在才开始感到什么是愁了。』〇潘岳，晋代著名文学家。诗文绝佳，言辞文思犹如锦缎一般美丽，他曾作过《西征》、《闲居》等赋。《西征》赋是潘岳任长安令时作的，因为潘岳家在巩县东，所以叫做『西征』。赋中叙述赴任时沿途所见古迹，以劝诫统治阶层修整治乱。

志和耽钓　宗仪辍耕

【浅释】张志和，唐代诗人，肃宗时待诏翰林，授左金吾录事参军，因事贬南浦封。后隐居江湖，自称『烟波钓徒』、『玄真子』。其《渔歌子》生动地描绘了他的渔钓生活：『西塞山前白鹭飞，桃花流水鳜鱼肥。青箬笠绿蓑衣，斜风细雨不须归。』为后世传诵。耽：沉溺。〇元末明初人陶宗仪字九成，号南村。明太祖洪武初诏征儒士，他托病不赴。陶宗仪博览古籍，勤于著述。在田间耕作时也常携笔砚，在树下放一只瓮，遇有所得，便立即记录后投入其中。积久贮满，装订成册，定名为《南村辍耕录》。辍：停。

卫鞅行诈　羊祜推诚

【浅释】公孙鞅，战国时卫人，又称卫鞅，因封于商，所以又称商鞅，商君。公元前340年，他向秦孝公建议伐魏拓疆。魏使公子卬迎战。他送信给卬说：『我过去与公子友善，不忍心互相攻杀，想与公子会晤宴饮，订盟罢兵，使秦魏相安无事。』魏公子卬答应了，并前去会盟宴饮。谁知商鞅让埋伏的甲士俘虏了卬，并偷袭了魏军，魏军大败。魏惠王害怕，献河西之地向秦求和，徙都大梁。○羊祜，字叔子。他镇守襄阳时在军中轻裘缓带，不着戎装，侍卫不过数十人。与东吴陆抗相对峙时，他以德怀柔拒敌。吴人有为伐吴进诡计者，羊祜就给他饮醇酒，使他无法进言。军队在吴境行进途中遇到缺粮时便割稻作军粮，然后用绢抵值偿还。陆抗送来酒，他即从容饮之，从不生疑。陆抗有疾，羊祜送去药，陆抗也立即服下。有人劝止，陆抗说：『羊叔子哪会下毒。』

林宗倾粥　文季争羹

【浅释】郭泰字林宗，曾在陈（今河南淮阳）讲学。学生魏昭自愿服侍他，为他做饭打扫。一天，郭泰偶有不适，几次让魏昭煮粥，又几次三番把粥倒在地上，并呵斥魏昭说：『为长辈熬粥，里面怎么能有沙粒呢？』魏昭不但不生气，还更加小心谨慎地服侍他。郭泰对他说：『开始我只认识你的面貌，现在才了解了你的心地。』于是认真教育魏昭，魏昭终于成材。○沈文季，齐高帝时为将军，累迁侍冲、左仆射。崔祖思字敬元，齐高帝在淮阴时，他任辅国主郎。相传齐高帝曾设酒肴羹脍作乐，崔祖思说：『羹脍的美味，南北共赏。』侍中沈文季说：『羹脍是吴中美食，不是祖思所能品味的。』崔祖思说：『炰鳖脍鲤，非吴越之诗。』沈文季反唇相稽：『千里莼羹，岂关鲁卫之说！』高帝见他们唇枪舌剑，你来我往，各不相让，大乐，于是便评判说：『莼羹本应归沈。』

茂贞苛税　阳城缓征

【浅释】李茂贞本名宋文通，唐僖宗光启初拜武定军节度使，赐姓改名。昭宗时封陇西郡王。他任凤翔节度使时，苛捐杂税名目繁多，连点灯也要征税。他下令严禁百姓将松木柴禾运入城中，以防百姓燃松枝照明而不点灯，影响税收。当时的优伶借唱戏讽刺说：『臣请并禁月明。』○阳城字亢宗，唐北平人。在德宗贬陆贽、裴延龄时，朝野内外

惶恐，无人敢谏。阳城却冒死直言，在朝廷上恸哭。后来他被贬为道州刺史，治民如治家，税赋却收不上来。观察使派判官来监督他，他干脆自囚于狱，以示自责。

北山学士　南郭先生

【浅释】徐大正字德之，宋瓯宁（今福建建瓯）人。元祐中赴京试，他路过严子陵钓台时作诗云：『光武初征血战回，故人长短尚论才。中兴若起唐虞业，未必先生恋钓台。』苏轼见之而与他订交。后筑室北山下，号为『闲轩』。秦少游为之作记，苏轼赋诗，人称之为『北山学士』。○雍存，宋全椒（今属安徽）人。以文史自娱，隐居养志。居城南，号南郭先生。屋近有独山，又号独山翁。当时地方名士钱公辅、曾肇都与之有交往。

文人鹏举　名士道衡

【浅释】北魏温子升，字鹏举，博学多才，文章清婉，是个不可多得的人才。济阴王元晖对他评价极高。他说：『江左文人，宋有颜渊之，谢灵运，梁有沈约、梁任。我子升足以凌颜轹谢，含任吐沈。』○北朝薛道衡，字玄卿，是个名士。他曾出使南朝，写过《人日》诗，前两句是：『入春才七日，离乡已二年。』南朝人听了他这两句诗，讥笑说：『是何语言，谁谓此人能作诗？』薛道衡补充了后两句：『人归落雁后，思发在花前。』听了这后两句诗以后，南朝人才高兴地对他说：『果然名不虚传。』

灌园陈定　为圃苏卿

【浅释】陈定字子终，又称陈仲子，春秋时齐国隐士。相传楚王闻其贤，欲聘以为相。他对妻子说：『今日为相，明日就能结驷连骑，食前方丈。』而他妻子却说：『结驷连骑，所安不过容膝；食前方丈，所甘不过一肉。今以容膝之安、一肉之味而怀楚国之忧，恐夫君不保命也。』于是夫妻双双逃遁，后以人灌园维生。○苏云卿，南宋绍兴年间客豫州东湖，结庐独居，邻人称之为苏翁。他终年穿布衣草鞋，种蔬织屦以自给。曾与张浚为布衣交。张浚为相，写了信并装了金钱派人给豫章帅漕，请他代送苏云卿。帅漕到他家之前，让车停在路上，亲自到他菜圃中，交给他书信金币，并极力邀请他一起坐车去朝廷。苏云卿推托说明天再去。第二天帅漕派使者前去迎接，只见房门大开，他已不知所往了。

融赋沧海　祖咏彭城

【浅释】张融，字思光，吴郡吴（今江苏苏州）人。任封溪令。他曾深入山区游玩，被蛮族俘获。当他将要被杀之时，他神色不变，仍然写了篇《洛生赋》。少数民族酋长惊其泰然不惧而将他释放。他又曾浮海至交州，观赏了大海的雄奇景色而作《海赋》。有『穷区没渚，万里藏岸，湍转则日月似惊，浪动则星河若覆』诗句，读之让人有身临其境之感。齐高帝论其才说：『此人不可无一，不可有二。』〇祖莹字元珍，北朝后魏人。他幼时好学耽书，号『圣小儿』。王肃任豫州刺史时，曾作《悲平城诗》云：『悲平城，驱马入云中，阴山常晦雪，荒松多朔风。』彭城人王勰认为这首诗意境优美，很是喜欢，王肃请王勰把《悲平城》再朗诵一遍，结果王勰却错把『平城』读成『彭城』。王肃笑话王勰。王勰也觉得惭愧。此时在一旁的祖莹说：『《悲彭城》王公自然没见过，不怪他。』王肃就请他朗诵，祖咏便咏道：『悲彭城，楚歌四面起，尸积石梁亭，血流淮水里。』王肃和王勰两人大为叹服。祖莹论文，主张须自出机杼，自成一家。

温公万卷　沈约四声

【浅释】司马光的独乐园中藏书万卷。他早晚披阅，书却还像新的一样。他曾对弟子说：『商人珍藏货物钱财，我辈唯此耳。当极加珍爱。我每年都要将藏书晾晒。每当开卷前，先擦净书桌。读完一页翻动时，先用右手大指衬着书沿慢慢掀起，再用另一指托着翻开。常见你们轻率地用两指抓起，真是爱书不如爱钱物啊。』其人对书和学习的态度可知。〇沈约字休文，南朝文学家、史学家，历仕宋、齐、梁三朝。在齐时曾主持校勘经、史、子、集四部图书，迁太子家令。入梁，拜尚书仆射，封建昌县侯，官至尚书令。晚年藏书多至二万卷。他作诗主张『四声八病』之说，自谓独得其妙。梁武帝问何谓四声，他回答：『天子圣哲（分别为平上去人四声）。』沈约与谢朓、王融等友善，作诗重声律对仗，人称『永明体』。

许询胜具　谢客游情

【浅释】许询字玄度，东晋人。小时候人称神童，有才藻，善属文，与孙绰并为一时文宗。他性好游山玩水，因而身体轻捷灵敏，便于登涉。时人说：『许询不光有胜情，实有济胜之具。』刘尹说：『清风朗月，便思玄度。』具：此

指有登山涉水的体质。○谢灵运寻山陟岭，必穷尽其幽险。为便于登攀，他常穿一双有齿的木屐。上山时卸下前齿，下山时卸下后齿，人称『谢公屐』。一次他从南山伐木开道直到临海，随从数百人。临海太守大为惊骇，以为山贼，后知是谢灵运，方才心安。谢灵运每有所至，便为诗吟咏，摹状形胜，抒发心情。

不齐宰单　子推相荆

【浅释】宓子贱，字不齐，春秋鲁国人，孔子门生。曾为单父宰。凡邑中有他认为贤于他的人，他就师事之。所以他当官后能身不下堂，鸣琴而治。后来巫马期也宰单父，早出晚归，两头不见太阳。一天忙到晚，事必躬亲，才把单父治理好。他问宓子贱，宓子贱回答说：『我任用贤能，你凭自己的能力。能用人者安逸，只凭气力者劳累。即使治理，也未必能达到大治。』。○春秋人介光字子推，年十五，即为楚相。孔子听说后派人前去察看。回报说：『介光廊下就有二十五名俊士，堂上有二十五位老人。』孔子评论说：『合二十五人的智慧，智过于汤武；并二十五人之力，力大于彭祖。用以治天下都可以了，用以治国，哪有不行的。』

仲淹复姓　潘阆藏名

【浅释】范仲淹三岁丧父，母亲生活无着，被迫改嫁。他随之到长山朱氏家，因而姓朱。宋真宗大中祥符年间他中进士，真宗准其复姓。他在《谢启》中写道：『志在投秦，入境遂称张禄（见前『张禄绨袍』条，用范雎化名张禄的典故切本姓范）；名非霸越，乘舟乃效陶朱（用范蠡帮助越王勾践称霸后，泛舟五湖，改名陶朱的故事，切范易姓朱）。』当时人称其写得新颖、贴切。○满阆，宋人，号逍遥子。工诗。他在《苦吟》诗中写道：『发任茎茎白，诗须字字精。』又有《贫居》诗曰：『长喜诗无病，不愁家更贫。』后因卢多逊党争事涉罪，避入潜山山谷寺为云游僧。他题诗钟楼云：『顽童趁暖贪春睡，忘却登楼打晓钟。』孙仅见后说：『这是逍遥子。』令寺僧找他时，已不知去向。

烹茶秀实　漉酒渊明

【浅释】陶谷字秀实，本唐彦谦之孙，避后晋之讳改姓陶。他为人多忌好名，历仕五代后晋、后汉、后周三朝。入宋，历礼、刑、户三部尚书。曾买得党进家旧姬，令她收雪水烹茶，还问她：『党家有此风味吗？』旧姬答道：『他

们家是粗人，怎么会这么风雅呢？他们只知销金帐下，浅斟低唱，饮羊羔美酒罢了。』陶谷听后，面有惭色。〇陶潜性恬淡嗜酒，有客来访他就设酒相待，若自己先醉，便对客说：『我醉欲睡，你先走吧。』邻家有招他饮酒的，他有请必到。偶尔遇到酒中有渣滓，他便脱下头巾漉（过滤）之。漉完，仍把头巾戴上。庐山僧惠远爱其清逸，招他入白莲社。他回答说：『允许饮酒就去。』惠远谎称有酒，他去了，见没酒，又皱着眉头回家了。

善酿白堕　纵饮公荣

【浅释】刘白堕，东晋时人，善于酿酒。盛夏六月他把酒装在坛子里放在太阳底下暴晒，十天酒味不变，喝了这种酒一月不醒。北魏青州刺史毛鸿宾得到刘白堕赠送的一坛酒，半路上被强盗抢去，强盗喝后，立即醉倒，被全部活捉，当时人们这样说：『不怕张弓拔刀，只怕白堕春醪。』〇晋朝刘昶，字公荣，好饮酒。他喝酒从不论对方是什么人，因此人们有时候就讥讽他，他解释说：『比我好的人，不能不和他喝；不如我的，也不能不和他喝；和我差不多的，更不能不和他喝。』有一天，阮籍与王戎一起饮酒，当时刘公荣也在场，但没有参与喝酒，三人言谈说笑，非常自然。后来有人问起此事，阮籍说：『比刘公荣好的人，不能不和他喝；不如刘公荣的人，也不能不和他喝；唯独刘公荣和刘公荣一样的人不能给他喝。』

仪狄造酒　德裕调羹

【浅释】传说夏禹时有位善酿美酒的人叫仪狄。舜女令仪狄酿酒，品饮后认为是好酒。仪狄把酒献给大禹，禹觉得香甜醇美，但喝完后却疏远了仪狄，而且从此戒酒。禹说：『后世必有因贪酒而亡国者。』〇相传唐代的李德裕在中书省时不饮京城水，并指定要用无锡惠山的泉水。他喝的水全用人力从无锡运来，时称『水递』。有僧进宫：『水递有损盛德，京师昊天观后一泉与惠山相通。』命人取来，经检测与惠泉水相等，李德裕这才罢了水递。又相传他每食一羹，费用巨大。他制羹的用料是把珠宝、贝玉、雄黄、朱砂相杂，煎汁成羹。煎三次以后就把上述原料倒掉。

印屏王氏　前席贾生

【浅释】相传唐玄宗所宠幸的美人王氏，几次梦见有人来召她陪饮，她把这事告知了玄宗。玄宗说：『这一定是术士

干的。若他再来，你想法做个记号，以便辨认。』当天晚上，那人又在王氏梦中召她前往，王氏就用手指在砚中沾了墨汁印在屏风上。玄宗下令搜查，果然在东明观屏上查得印有墨汁的手指纹，而那道士却已逃跑了。〇贾谊是西汉著名的政治家。他年少就已博通诸家书，文帝召为博士，迁大中大夫。他建议重订历法，易服色，制法度，兴礼乐。又数次上疏陈政事，言时弊，为大臣所忌。后来因此被贬为长沙王太傅。他作《吊屈原赋》、《鹏鸟赋》以自悼。后来文帝又召他入京，在未央宫中皇帝斋戒的宣室殿接见他，谈到半夜，文帝不知不觉地将坐椅一直往前移动。过了一会儿，文帝又感叹道：『吾久不见贾生，自以为超过了他，现在看来还是不及啊！』唐代著名诗人李商隐曾有《贾生》诗讽刺汉文帝：『宣室求贤访逐臣，贾生才调更无伦。可怜夜半虚前席，不问苍生问鬼神。』

九 青

经传御史　偈赠提刑

【浅释】谁是《三字经》的作者，一直未有定论，开始认为是宋元人所编，等到熊氏所藏大板《三字经》问世，其中有明代蜀人梁应井作图，聊城傅光宅侍御史作序，才清楚是明人所写，所以称为『经传御史』。〇宋代郭祥是个提刑。有一天，他去舒州白云山海会寺游览，该寺方丈赠予他佛经中的唱词：『上大人，孔乙己，化三千，七十士。』

士安正字　次仲谈经

【浅释】唐刘晏，字士安，聪明过人，八岁时唐玄宗封泰山，刘晏到竹宫献颂。唐玄宗听后大为赞赏，授予太子正字之职。有一天，唐玄宗和他开玩笑说：『卿作正字，正得几字？』刘晏回答：『天下字皆正，惟朋字未正得。』这句话暗含的意思是劝告帝征治明党。他后来被杨炎诬陷。死时，家里仅有两本书和几斛米麦，可谓是清官。人们都认为他是受冤而死。〇东汉戴凭，字次仲。博览经书。建武年间，正月初一朝贺，皇帝让群臣说经，很多臣子说不出来，就让位给精通经义的人。结果，戴凭共获得五十余位，即他总共讲了五十几条经义。

咸遵祖腊　宽识天星

【浅释】王莽篡位后，汉元帝的尚书陈咸告老还乡，闭门不出，仍沿用汉时祭祀规矩。人们问他为什么？他说：『我祖宗只知汉家规矩，岂知有王家？』〇相传汉武帝祀甘泉到渭桥，看到有一个女子在渭水中洗澡，乳长七尺。武帝感

到十分惊奇，便问她。该女子说：『帝后第七车侍中知我来由』。这侍中叫张宽，的确在第七车。问他原因，说：『这是天星中主祭祀者，斋戒不严，则女星出现。』

景焕垂戒　班固勒铭

【浅释】四川成都人，宋景焕，官途坎坷。隐居于玉垒山，作有《野人闲语》。他写这本书的目的在于垂戒后人。书中写道：『尔俸尔禄，民脂民膏；下民易虐，上苍难欺。』由此确可看出垂戒的作用。○东汉，永元初，窦宪和狄秉率领精锐骑兵部队万余，进攻匈奴。同北单在稽落山交战，把他们打得落花流水，超出边塞三十多里，登上燕然山。为了证实战绩，叫中护军班固刻石勒铭（用铭记功），记述汉之威德，然后才回来。

能诗杜甫　嗜酒刘伶

【浅释】唐杜甫，字子美，是河南巩县人。诗中常常自称为『杜陵布衣』、『杜陵野叟』。官至左拾遗，及挂名检校工部员外郎。他的诗纪录了唐王朝由盛转衰的过程，被称作『诗史』，撰有《杜工部集》。后人称之为『诗圣』。○晋刘伶，嗜酒如命。他把妻子的劝告，当成耳边风。他说：『在神前发誓断酒。』其妻以为是真的，就备好酒肉。刘伶说道：『天生刘伶，以酒为名。一饮一石，五斗解醒。妇人之言，慎不可听。』他把酒喝了，肉也吃了，酣然入睡。

张绰剪蝶　车胤囊萤

【浅释】唐进士张绰，善于道术，嗜好饮酒，常在席间即兴剪二三十只蝴蝶，呼气吹送，这些蝴蝶可成群结队地忽高忽低四处飞舞，过了一会，他仍旧可以把这些蝴蝶收回手中。○晋车胤，家境贫寒，年幼好学，但是没有油灯照明。夏天，他捕捉萤火虫并把它们放进丝布之囊，用来代替油灯，照明读书，后博学知名，确实可算是穷而有志的人啊。

鸜鹆学语　鹦鹉诵经

【浅释】晋时一个参军驯伺八哥，教它学讲人话。有一天，他的上司司空桓豁宴请宾客，参军让八哥模仿大家说的话，都特别相像。不过，客中有个患了鼻疾，很难学得来，八哥就把头伸入瓮中学他谈话的声音，非常相像。○《法苑珠林》中载有：东都有一个人驯伺鹦鹉，送到寺院学诵经，鹦鹉站在架上却不言也不动，问它怎么会这样子。它便

回答说：『身心俱不动，为求无上道。』

十 蒸

公远玩月 法善观灯

【浅释】唐朝罗公远有道家法术，有一年中秋月夜陪伴唐明皇赏月，把拐杖掷向空中化作一座彩桥，银光闪闪。他领着明皇登上桥，走了几里，只见到处灿烂夺目。他们来到一座城门口，罗公远说：『这是月宫门。』门头的匾额上写着『广寒清虚之府』。宫内有几十位仙女，身穿白色衣服，头戴白色凤冠，在大桂树下载歌载舞。罗公远说：『这叫《霓裳羽衣曲》。』明皇将曲调默记于心。他们退回后，桥就不见了。唐明皇便叫来梨园子弟按他记下的音调写成了《霓裳羽衣曲》。〇唐玄宗开元十八年正月十五日晚上，玄宗问天师道大师叶法善说：『今天晚上什么地方最热闹？』叶法善说：『广陵。』然后在宫殿前化了一道彩虹，上面玉宇楼阁美丽如画，玄宗登上虹桥前行，杨贵妃、高力士以及乐手们都跟随在后，一会儿就到了广陵上空。玄宗看下面寺院里灯火辉煌，信男信女们仰头观望，都说是神仙出现在云中。玄宗让乐手们在彩虹上演奏《霓裳羽衣曲》，极乐而归。几天后，广陵送来报告，说广陵上空出现仙人，就是那晚的情形。

燕投张说 凤集徐陵

【浅释】唐朝张说，字道济。母亲怀他的时候，梦见有只玉燕落在她怀里。张说小时，父亲极不喜欢他，把他和奴仆一样看待。张说喜欢学习，就拾些枯树枝，夜里点燃读书。武后永昌元年举贤良方正时，张说考中第一名，后来官至中书令、左丞相，封燕国公。张说文章有名，朝廷中的诏命大多出自张说之手，与苏颋齐名，同称为『大手笔』。〇徐陵，南朝梁人，母亲曾梦见五彩云化为凤凰落在她的左肩上，而后生下徐陵。徐陵八岁就能写出好文章，十三岁时就通读了《老子》、《庄子》。宝志公曾抚摸着他的头说：『这是天上的石麒麟。』梁武帝时他曾任尚书。

献之书练 夏竦题绫

【浅释】晋朝王献之，字子敬，是大书法家王羲之的第七子，书法也非常著名。他在作吴兴太守时，乌程县令羊不疑十二岁的儿子羊欣书法不错，王献之很喜欢他。有年夏天，王献之路过乌程县，看到羊欣身穿崭新的白丝裙在睡觉，

他便挥笔在羊欣的裙摆上写了几幅字。羊欣从此就研习模仿，书法日臻完美。沈约曾说：『羊欣最擅长的是隶书，王献之以后，他可算独树一帜了。』当时曾流传着这样的话：『买王得羊，不失所望。』〇北宋夏竦，字子乔，小时候在当时有名的文人姚铉门下学习，姚铉曾让他写一篇《水赋》，至少一万字，他一挥而就。仁宗时朝廷选拔人才，有位老宦官对他说：『你日后必定受到重用。』然后拿出细绫手帕让夏竦题诗，夏竦题道：『殿上衮衣明日月，砚中旗影动龙蛇。纵横礼乐三千字，独对丹墀日未斜。』杨徽之见后说：『真有宰相之才呵！』后来他官至枢密使。

安石执拗　味道模棱

【浅释】王安石字介甫，抚州临川（今属江西）人，号半山，封荆国公，世称王荆公。北宋著名政治家，文学家。仁宗嘉佑年间，他上万言书主张变法。神宗朝为参知政事，实行新法，为司马光等所反对，变法失败。晚年退居江宁（今南京），闭门不言政。为文主张『务为有补于世』。议论简洁有力，险峻奇拔，为古文唐宋八大家之一。他为人节俭，性执拗，人称『拗相公』。〇苏味道与李峤都以文辞优美显名于世，人称『苏李』。唐武则天延载年间，官任凤阁舍人检校侍郎同凤阁鸾台平章事。苏味道虽熟悉台阁故事，但为相不过尸位素餐，明哲保身，并无作为，而且公开宣称他的为官之道就是『决事不欲明白，误则有悔，模棱持两端可也。』故人称其为『模棱手』。

韩仇良复　汉纪备存

【浅释】张良是韩国贵族后裔，秦灭韩后，曾招募力士在博浪沙锥击秦始皇，误中副车。始皇大怒，在国内大肆搜捕十天，没有抓到刺客。张良后投奔刘邦。项梁立楚怀王之后，他劝说项梁：『君已立楚，而韩诸公子横阳君成贤，可立为王。』项梁便立韩成为王，张良为韩申徒。后刘邦听从张良之计，得先人咸阳灭秦。项羽杀韩王成后，张良从此跟定了刘邦，为他出谋划策，终于打败了项羽，也为韩王成报了仇。〇刘备字玄德，为汉中山靖王刘胜之后。他少年时孤贫，与母亲一起以卖鞋织席为生。他不喜读书，好结交豪杰，曾与关羽、张飞结义为兄弟，募兵参与镇压黄巾起义。后三顾茅庐，请诸葛亮出山辅佐，又联合孙权，在赤壁大败曹操，取荆州，得益州和汉中，自立为汉中王，与魏、吴成鼎足之势。曹丕废汉献帝，刘备在成都称帝，国号汉，史称蜀汉。

存鲁端木　救赵信陵

【浅释】端木赐为保卫鲁国，劝说齐国田常去攻打吴国。但当时齐军已开始进犯鲁国，不愿退兵，端木赐就去请求吴国发兵救鲁攻齐。吴国想发兵，但对越国有顾虑，他又到越国说服越王派兵跟随吴军一同去攻打齐国，他们在艾陵和齐军大战，齐军大败。随后，吴军乘胜进攻晋国。这时，端木赐又到晋国说服晋军与吴军交战，双方正在黄池会战时，越国就趁机袭击了吴国。孔子说：『我本来的目的是搞乱齐军保全鲁国，至于加强了晋国的实力，削弱了吴军，越国又借机灭吴称霸，那却是端木赐游说的结果。』○魏公子无忌，为信陵君，他采用侯生的计谋，盗取兵符，砸死大将晋鄙，夺取军队指挥权，解救了赵国。

邵雍识乱　陵母知兴

【浅释】邵雍字尧夫，北宋人。他幼随父迁共城（今河南辉县），隐居苏门百源山，人称『百源先生』。李之才摄共城令，授以象数之学。遂名所居曰『安乐居』，自号『安乐先生』。著有《伊川击壤集》，为宋理学开创者之一。相传他居洛阳时，偶与门客散步，在天津桥听到杜鹃的叫声，他吃惊地说洛阳从无此鸟，现在竟然出现了，说明地气自南而北，国家必将用南方人作宰相，从此将多事了。熙宁初，果然任用王安石大行新法。○王陵，沛人。为县中豪强，刘邦像对待兄长一般对待他。刘邦起事，王陵聚集数千人前去参加。刘邦建汉后，以功封安国侯，任右丞相。后因反对诸吕为王而称病辞官。王陵投刘邦之后，项羽把他的母亲抓到楚军中为人质，以招降王陵。其母私下对派去送信给王陵的使者哭诉：『为老妾告诉陵，好好效力于汉王。不要因老妾而怀二心。』之后便伏剑自刎。

十一　尤

琴高赤鲤　李耳青牛

【浅释】琴高，赵国人，他凭借弹琴成为宋康王舍人。他曾经去涿水中抓龙子。有一次，他与弟子相约：你们沐浴戒斋在河边等候。当真，过了不久，他乘赤鲤而来。○李耳，即老子，又名李聃，博学多识，曾为周宋藏史，后为柱下史。周朝衰落，老子骑青牛出函谷关。有个叫尹喜的官吏认出了老子，就对他说：『先生将去隐居，请替我著书。』老子就把自己写的《道德经》赠给他。遂渡流沙而去。

明皇羯鼓　炀帝龙舟

【浅释】唐明皇不爱听琴，有次宫中有人弹琴，被大声斥责而去。他喜爱听羯鼓，当即说：『速召花奴（善击羯鼓的人）取羯鼓来，为我解秽。』他也拿来羯鼓，咚咚地敲了起来。〇隋炀帝在大业元年八月间，乘龙舟巡游江都（现在的扬州），五品以上的文武官员坐楼船，九品以下的坐黄篾小舟，首尾相接二百多里，场面尤为壮观。

羲叔正夏　宋玉悲秋

【浅释】依《尚书·尧典》记载，尧为了制定历法，曾经派四个人即羲仲、羲叔、和仲、和叔，分头到东南西北四个地方，去观察星象，判辨季节。羲叔分驻南方交趾，旦凡夏季万物生长情况都详细地记录下来，总结出规律性的内容，测出夏季日影长短，确定了夏至日。因此就把羲叔称之为正夏。〇屈原弟子宋玉，为战国楚襄王大夫，曾经作《九辩》，头两句是：『悲哉秋之为气也！萧索兮草木摇落而变衰。』后人依据他的悲秋之语，把他称为『悲秋之士』。

才压元白　气吞曹刘

【浅释】唐长庆中，杨嗣复两榜，特别开心，在新昌宴请宾客以示庆祝，元稹、白居易也请来了。席间，宾客即席赋诗。杨汝士最后成诗，但为最好，其诗句是：『文章旧价留銮掖，桃李新阴在鲤庭』，回到家后，杨汝士对人说：『我今日压倒元、白。』〇曹，即曹植。刘，即刘桢，唐诗人元稹曾赞杜甫说：『杜子美诗，上薄风骚，下该屈宋，志夺苏李，气吞曹刘，掩颜谢之孤标，杂徐庾之纤丽，诗人以来，未有如子美者。』

信擒梦泽　翻徙交州

【浅释】韩信是汉功臣之一，被高祖封为楚王，有人密告高祖，说他谋反。高祖采用陈平计谋，游览云梦泽。韩信迎接他，高祖令武士把他抓起来，用车子运回京都。韩信感到十分委屈，他感叹地说：『果如人言：「狡兔死，走狗烹；飞鸟尽，良弓藏；敌国破，谋臣亡。」天下已定，臣固当烹！』抵达洛阳后，被释放，贬为淮阴侯。〇三国时余姚人虞翻。起初，为会稽太守王朗功曹，历事孙策、孙权，多次遭颜进谏，后来被贬往交州。他曾上书自白道：『自恨疏节，骨体不媚，犯上获罪，当长没海隅』。他学识渊博，尽管身处异地，仍旧讲学不怠。

曹参辅汉　周勃安刘

【浅释】曹参，在秦末时是沛县一个狱吏，后来辅助刘邦战胜项羽，为有功之臣，被封为平阳侯。惠帝时萧何为相，得知丞相萧何死去，曹参就对仆人说：『速备行装，我将入相。』当真，不久便被召入朝为相。曹参全照萧何之规办事，所以世人称之为『萧规曹随。』〇汉人周勃，年幼时家境贫寒，以编蚕箔为生。长大后，跟随刘邦起义，由于战功而封绛侯。刘邦曾说：周勃厚重少文，然安刘氏者必此人。吕后时，诸吕掌权。吕后去世后，周勃同陈平共伐诸吕，迎立文帝即位。

太初日月　季野春秋

【浅释】夏侯玄，字太初，三国时期魏国人，官至散骑黄门侍郎，后来迁为太常卿。他待人温和，平易近人。当时的人赞誉他：『夏侯太初朗朗如日月之入怀』。〇晋人褚裒，字季野。他生性内向，很少说话，从来不去评说是非，事实上世间人事，他都非常清楚。桓彝曾说：『褚季野有皮里春秋。』谢安也曾说过：『裒虽不言，而四地之气已备。』

公超成市　长孺为楼

【浅释】汉张楷，字公超，他博学多识，尤其精通左氏《春秋》和古文《尚书》。所以，很多人都非常仰慕他，想跟他学习。远近来人川流不息，车马填街，商人在他家周围建起旅舍。迫使公超不得不移居华阴山。华阴山南就有了公超市。〇宋代藏书家孙长孺，喜爱看书，买了非常多的书，经史百家都有，以至于没地方存放。于是建楼藏书，人们就把他称为『书楼孙氏。』

楚丘始壮　田豫乞休

【浅释】楚丘，披裘带索，一身官员装扮去拜见孟尝君。孟尝君问他：『先生老矣，春秋高矣，何以教文？』楚丘回答说：『假如叫我投石头比远，追赶车马，那我真的老了。不过，假如叫我帮助你出谋献策，那我还是个壮年人。怎么能算老呢？楚丘自以为始壮矣！』〇三国时的卫尉魏田豫，年龄不大，却自求让位去职。所以，司马懿不答应。魏田豫辩解说：『年过七十而居位，犹钟鸣漏尽而夜行不休，是罪人。』称说自己有病，离职回乡。

向长损益　韩愈斗牛

【浅释】汉代人向长，字子平。他不当官，喜爱隐居生活。有一次读《易》，读到损卦益卦时，感叹地说：『我已知富不如贫，贵不如贱，但不知死生损益如何。』于是，把子女婚嫁的事情办妥后，就外出游历五岳名山。〇韩愈，曾因多次劝谏而遭贬谪。例如，上奏说宫市之弊，而被贬为阴山令。又如，上书谏遣使迎佛骨之事，则被贬为潮州刺史，仕途坎坷，颠沛流离，慨叹万千。他曾写《三星行》：『我生之初，日宿南斗。牛奋其角，箕张其口。牛不见佛箱，斗不挹酒浆。箕独有神灵，无时停簸扬。』

琎除酿部　玄拜隐侯

【浅释】唐代人李琎，为汝阳王，嗜饮酒，自称为『酿部尚书』。杜甫所写的《饮中八仙歌》中有句『汝阳三斗始朝天』，就是指的汝阳王李琎。〇汉代王玄隐居于侯山，景帝就在这山封侯，因而得名侯山。宋之问所作诗中有：『王玄拜隐侯。』

公孙东阁　庞统南州

【浅释】汉代人，公孙弘，家庭非常贫寒，以养猪为生。不过，他有上进之心，四十多岁开始勤学，博览群书，大有进步，到元朔中成为丞相，封为平津侯，开设东阁邀请贤者。〇东汉末年，庞统，字士元，司马徽把他称为『南州士之冠冕』，他的叔叔庞德公称他为『凤雏』。刘备领荆州，任命他为来阳令，他做不好县令之职。鲁肃写信告诉刘备：『庞士元非百里才也，使处治中，别驾之任，始当展其骥足耳。』于是就把他任为治中从事，与诸葛亮一同成为军师。

袁耽掷帽　仁杰携裘

【浅释】袁耽，字彦道，晋朝人。他长得很俊美，而且聪明。东晋大将桓温，曾去赌场，输得很惨，债主逼得厉害，他没办法，向袁耽求援。当时，袁耽还是服丧期间，于是他换了衣帽，跟桓温同去赌场。他非常擅长赌博，债主不认识他，说：『你不是袁耽吧！』第一局赢得了十万，一直赢得一百万。他把布帽掷在地上，大声说：『你今天知道袁耽否？』〇武则天赐给张昌宗集翠裘，叫狄仁杰跟张昌宗赌此裘。狄仁杰指着自己身上穿的紫纶袍说：『臣以此相

敌。』。结果，张昌宗跟他赌了几局都败了。因而狄仁杰就带着这件裘衣，说声感谢转身离去。

子将月旦　安国阳秋

【浅释】东汉许劭，字子将，经常对乡党人物所写的文章加以评说，每个月弄一次，所以称为『月旦评』。曹操年轻的时候，曾请他评说自己。子将说：『公治世之能臣，乱世之奸雄。』说完后，曹操为之大笑。〇晋代人孙盛，字安国，他曾作《晋阳秋》。桓温读这本书，书中写了枋头败绩一事。他看到这里尤为恼怒，对孙盛的儿子说：『枋头一战，我的确失利，但哪里像你父亲所说的！假如这样记史，自此关闭你家门户。』他的孩子哭哭啼啼地要他的父亲改掉那篇文章。孙盛火冒三丈不愿更改，不过他的儿子却悄悄把它改了。

德舆西掖　庾亮南楼

【浅释】唐权德舆，博学多才，喜好写作，只要发现一佳句，或看到美好景致，就相当高兴，如获至宝。在西掖任职八年间，为人所仰慕。〇东晋大臣庾亮，镇南昌。有一次，他的属下殷浩、王胡之等，乘秋夜月明景佳，登临南楼吟诗。亮恰巧带十几个人走过来。殷浩他们想避开让出，庾亮不让他们走，就一同坐在胡床上谈笑风生，一直到天明。

梁吟《傀儡》　庄梦髑髅

【浅释】汉朝时开始有傀儡，即木偶戏，到了魏晋时大为兴盛。唐梁锽曾写《傀儡吟》：『刻木牵线作老翁，鸡皮鹤发与真同。须臾弄罢寂无事，还似人生一梦中』。〇庄子到楚国去，途中见到一空骷髅便用马鞭敲它，并问道：『每人都喜欢活着，你为什么成了这模样？是不是由于国家灭亡，被人杀死？』说完便枕着这头骨睡着了。半夜，梦到这头骨对他说：『你所说的都是活人的牵连，死则无此累。无君于上，无臣于下，亦无四时之事，即使以天地为春秋，虽南面而为王，其乐不能过此。』

孟称清发　殷浩风流

【浅释】唐代诗人孟浩然，隐居于鹿门山，做了很多小诗，风格清新淡雅。人们赞曰：『导漾挺灵，实生楚英，浩然清发，亦其自名。』〇晋人殷浩，喜爱读《老子》《易经》，是当时的知名人物，成为当时风流人物崇敬的人。

见讥子敬　犯忌杨修

【浅释】王羲之的儿子王献之，字子敬。年幼时看到他父亲的门生玩樗蒲，说：『南风不竞。』门生说：『此郎于管窥豹，只见一斑』。王献之听后非常不高兴，拂袖离去。〇杨修学识渊博，身为曹操主簿，随着曹操过江，读曹娥碑，背有八字：『黄绢幼妇，外孙齑臼』。曹操不理解，便问杨修：『卿知否？』杨修说已经知道。曹操说：『待我思之。』行三十里才领悟，便叫杨修解释。杨修说：『黄绢，色丝，「绝」字；幼妇，少女，「妙」字；外孙，女儿之子，「好」字；齑臼，受辛「受辛」（辞）字，乃「绝妙好辞」』曹操说：『正合我意』。曹操生性多疑而且妒忌能才，他十分嫉妒杨修，最终借故杀之。

荀息累卵　王基载舟

【浅释】晋灵公建筑九层台，三年没建成，并且弄得百姓困乏不堪。荀息为了劝阻晋灵公，对他说：『我能累十二棋子，加九卵于上。』灵公说：『危哉！』荀息说：『不危，公造九层台，三年不成，男不耕，女不织，那倒是十分危险的。』灵公因此觉醒过来，就停止了造台。〇三国魏人王基，在曹丕大兴土木时，他上奏说：『古人以水喻民曰：「水可以载舟，亦可以覆舟。」。颜渊曰：「东野之子御，马力尽矣，而求进不已，殆将败矣」。今事役劳苦，男女怨旷，愿陛下深察东野之敝，留意水舟之喻。』

沙鸥可狎　蕉鹿难求

【浅释】以前，有个人每天到海边的沙滩上与鸥鸟嬉戏，这些鸟丝毫也不惧怕他。他的父亲对他说：据说你与鸥鸟玩得很好，明天抓几只回来。第二天，他又去那地方，鸥却盘旋低空，一只也不下来。〇以前，有个郑国人砍柴时打死了一只鹿，藏在蕉叶下面。不过，后来却忘了藏鹿的地方，认为自己在做梦。回家后对别人讲起这事，听的人根据他说的，找到了这只鹿。砍柴的郑人把此事告官，结果两人各得一半。

黄联池上　杨咏楼头

【浅释】宋时，有个叫黄联的小孩七岁了还不会讲话，他的祖父很疼爱他，碰到什么东西都教他。有一天，他的祖父把他领到池边上，对他说：『水马池中走。』不知什么原因，黄联居然会说话了，对答道：『游鱼波上浮』。从这以

后他就会说话了。○相传宋时有个叫杨亿的小孩，好几岁了还不会说话，有一天，抱着他上楼，不小心，头碰到了楼顶。因祸得福，他居然因此会讲话了，而且即刻吟出一首诗：『危楼高百尺，手可摘星辰。不敢高声语，恐惊天上人。』

曹兵迅速　李使迟留

【浅释】由于江陵在军备，曹操担心被刘备占据，就带三千骑兵急往，一天一夜走了三百多里。最终，在长坂把刘备击败。○东汉李郃，身为汉中府吏。窦宪讨小老婆，大家都送礼祝贺。汉中太守也想派人前往恭贺。李郃劝他说：『窦将军恃宠骄横，危主可待，幸勿与交。』太守依旧要派人去庆贺，李郃便自请让他去，途中故意滞留，直到扶风窦宪失败。凡是送礼的全被罢官，唯有汉中太守未遭此劫。

孔明流马　田单火牛

【浅释】三国蜀建兴九年，诸葛亮自祁山率兵出发，以木牛运粮蒙骗敌军，结果打败了敌人。过了三年，诸葛亮又率大军自斜谷出发，以流马运粮，在渭南与司马懿交战。○战国时的齐将田单。齐襄五年，燕昭王去世，田单用反奸计，使燕惠王收回燕将乐毅的兵权，举荐骑劫为将。过了不久，骑劫出兵进攻邯郸，田单用火牛阵战胜了燕军，克复七十多座城。被齐襄王任命为相国，并封为安平君。

五侯奇膳　九婢珍馐

【浅释】西汉末楼护担任京兆吏，口才极佳，能言善辩，为王氏五侯上客。有一天，五侯送予他珍馐，楼护就把它合成鲭，世人称为『五侯鲭』。○唐大臣段文昌，字墨卿，精通烹调，家里的厨房称为『炼珍堂』。他的烹调方法，堪称绝妙，家里的九位奴婢都为之倾倒。

光安耕钓　方慕巢由

【浅释】汉代严光，字子陵，年幼的时候和刘秀是同学。刘秀夺得天下后，请他做官，请了三次他才到京城来。不过，不多久又卸任回富春山耕作垂钓。○清廉之士薛方，为西汉末人。王莽为表彰他，就用安车迎接他，薛方深受感动，说：『尧舜在上，下有许由、巢父。今明主方隆唐虞之德，小臣欲守箕山之节。』王莽听了后十分高兴，不再强

迫他做官了。

适嵇命驾　访戴操舟

【浅释】吕安和嵇康是好朋友，当想念他时，总是不惜千里驾车探访。有一次，安到嵇康家，嵇康不在。嵇康的哥哥设席招待他，吕安没进去，在他的门上写了个『凤』字便离去。嵇康回到家，他的哥哥指着吕安写在门上的字，很高兴说：『凤，凡鸟也。』〇晋王徽之，字子猷，居于山阴，当想念朋友戴安道时，就乘坐小舟到剡溪去探访他。第二天清晨到了他家门口，却没进去，就调转船头返回。同他一起去的人问他为什么，他答道：『乘兴而来，兴尽而返，何必见戴！』

篆推史籀　隶善钟繇

【浅释】依《书断》记载，黄帝史官仓颉创造了古文字，周宣王太史籀造作了大篆。又有的人说：籀，秦时卜士变迹为大篆。李斯作小篆。〇钟繇，三国时魏国书法家，善于正楷，隶书，是秦汉以来最杰出的书法家。

邵瓜五色　李桔千头

【浅释】秦东陵侯邵平，广陵人，秦灭亡后，成为平民百姓，在长安城东种瓜。瓜有五色，十分好看，被人们称为『东陵瓜』。〇东汉末丹阳太守李衡，每次想添置家业，其妻都不让。李衡于是悄悄地派人到龙阳汜洲作宅，并种植桔子。临终前，对他儿子说：我在洲上有木奴（桔子）千头，年可得绢千匹，亦足用矣。

芳留玉带　琳卜金瓯

【浅释】明代李春芳少年时在崇明寺读书学习，学识大有进步。考中进士，后拜为相，留玉带寺中，因此把寺的楼叫『玉带楼』。〇唐玄宗想拜崔琳为宰相，先把他的名字写好，用金碗盖住，叫太子猜测，太子猜说：『大概是崔琳、卢从愿吧！』这两人在当时都有宰相的名望。唐玄宗开元时代的贤相各有所长，崔、卢两人，并没有突出的地方，因此历史上并不知名。

孙阳识马　丙吉问牛

【浅释】孙阳，即伯乐，是识马行家。有一次，他经过虞坂，看到在盐车下面伏着骐骥，伯乐下车为之哭泣。于是，

骐骥伏而喷，仰而鸣，认伯乐为知己。〇汉宣帝朝丙吉为相，他性情和善，为人宽厚谦让。有次出门遇到一群人斗殴，他不闻不问。不过听到路边牛喘，却过去问赶牛的人走了多少路了。有人嘲笑他问牛不问人。他却说：『斗殴是地方官所应禁止的事。今方春未热，恐牛以暑致喘，那么就是时气失调，这是宰相的职责。』

盖忘苏隙　聂报严仇

【浅释】东汉盖勋，敦煌人。刺史梁鹄想要杀死苏正和，向盖勋探听他的下落。盖勋与苏正和是冤家，有私怨，有的人劝盖勋乘此机会报复。盖勋却说：『借刀杀人不道德，冤家私仇可化解。』〇严乘与韩相国侠累有怨。他听闻聂政很勇猛，就送给聂政母亲黄金百镒祝寿。由于母亲健在，聂政不答应。等到母亲去世以后，他就独自刺杀侠累，之后毁容自尽。

公艺百忍　孙昉四休

【浅释】唐代张公艺，一家人九代同堂。唐高宗封泰山四朝，去他家中，向他询问家里和睦相处的道理。张公艺请给纸笔，写了百字『忍』字给他。高宗觉得非常对，赐给公艺百匹缣帛。〇北宋太医孙昉，自号『四休居士』。诗人黄庭坚问他为何要叫『四休居士』，他说：『粗饭淡饭饱即休，补破遮寒暖即休，三平二满过即休，不贪不妒老即休。』黄庭坚称赞道：『此是安乐之法。』

钱塘驿邸　燕子楼头

【浅释】北宋初年，陶谷出访南唐，在钱塘驿借宿。韩熙让歌女秦弱兰骗说是驿吏女，服侍陶谷，他果真喜欢。秦弱兰向他求词，作《风光好》赠给她。诗曰：『好姻缘，恶姻缘，奈何天。只得邮亭一夜眠。别神仙。琵琶拔尽相思调，知音少。再得鸾胶续断弦，是何年？』李后主煜宴请陶谷，命歌伎咏此诗。陶谷相当失意，当天就返回。〇唐张建封镇守徐州，他和舞伎关盼盼关系极为亲密。张建封去世后，关盼盼决意不嫁，住在燕子楼。写《燕子楼诗》三百首。白居易为这本诗集作序。同时也学作绝句，其中有一首：『满窗明月满楼霜，被冷灯残拂卧床。燕子楼中霜月苦，秋宵只为一人长。』

十二　侵

苏耽橘井　董奉杏林

【浅释】南北朝时的苏耽，极其孝顺母亲。传说他后来成了神仙。在未成仙之前已经知道两年后会有瘟疫大流行，就种桔挖井，与其母说：『食桔一瓣，饮水一盏，病可自愈。』两年后真的发生大瘟疫，他母亲就按他所告知的方法来治疗病人，全都治愈。○董奉是晋代人，有道术，会医病，但从不收治疗费，只叫病家种杏，重者种五株，轻者种一株。几年成林。杏成熟时出卖换取米谷，还把这些米谷赈济穷苦的人或过路的人。每年用掉三千斛，尚有剩余。

汉宣续令　夏禹惜阴

【浅释】汉宣帝时，魏明奏请四个知阴阳的明经，各主管一个季节，明确地讲出他在这方面所知道的，用来调和阴阳，就像高祖时派谒者赵尧、李顺、李阳、贡禹各举春夏秋冬之类。○大禹曾告诫人们要珍惜时光。陶侃守荆州时，对大家说：『大禹圣人，乃惜寸阴，至于我等，尤当惜分阴。岂可逸游荒醉，生无益于时，死无闻于后，这是自暴自弃。』

蒙恬造笔　太昊制琴

【浅释】毛笔是蒙恬所造。据东汉许慎《说文解字》说：『笔，楚谓之聿，吴谓之不律，燕谓之弗，秦谓之笔。』如此说来毛笔始于春秋时代是可信的。○传说琴是太昊制作的，他用桐木作琴身，用丝作琴弦，以通神明之赐，合天人之和。于是，音乐开始兴盛起来。

敬微谢馈　明善辞金

【浅释】南朝时齐国宗测字敬微，闲居江陵。有次他随带《老子》《庄子》游览庐山。江州太守萧子响，送他许多礼物。敬微说：『我远道来此，量腹而进松籽，度形而衣薜罗，澹然已足，岂能当此横施！』表示感谢不予接受。○元朝时，大臣元明善曾跟蒙古人以副使身分，出使交趾国。完成使命回国时，交趾国的国王向他们两人赠金。蒙古人接受，而元明善不予接受。交趾国王说：『正使已受，副使为何坚辞？』元明善答道：『正使受者，安小国之心。我所以不受，全大国之体统。』（小国指交趾国、大国指元朝）。

睢阳嚼齿　金藏披心

【浅释】『安史之乱』时，叛军将领尹子奇攻打睢阳。张巡和许远守睢阳，顽强抵抗。在作战的时候，张巡总是大声呼喊，牙齿都咬碎了。尹子奇攻陷睢阳，张巡被俘。尹子奇看张巡的牙齿，的确只剩下三四个。苏东坡曾这样记述：『张睢阳生犹骂贼，嚼齿穿龈；颜平原死而不忘君，握拳透爪。』〇有人向武则天密告太子要谋反。武则天叫来俊臣审问。安金藏当时是大臣。他大呼：『太子不反，公若不信，我请剖心明之。』就拔出佩刀自刎。五脏全流了出来，满地是血。武则天叫人抬进宫，敷上药，过了一天一夜才醒过来。太子因此才免此灾祸。

固言柳汁　玄德桑阴

【浅释】李固言，唐文宗朝曾拜相。年轻时有次外出，走到柳树下，听到弹指的声音。问什么人，回答说：『我柳树神，已用柳汁染你衣。得蓝袍时，当以枣糕祭我。』不多久，他果然中了状元。〇刘备，字玄德，少时家庭贫穷，以卖草鞋织席为生。屋子的东南角种有桑树，五丈多高。远远地看去象车盖，来往的人都说这树不平常。同县人李定说：『此家必出贵人。』刘备少时与那里的小儿常嬉戏在桑阴下，说：『我必能乘此羽葆盖车。』

姜桂敦复　松柏世林

【浅释】南宋的左司谏晏敦复，在两个月里论驳了二十四件事，震动整个朝廷。秦桧派人向他致意：『如能委曲，可致要职』。晏敦复回答说：『姜桂之性，老而愈辣。我岂能为一己私利而误国事？』〇东汉末年，宗承，字世林，同曹操是一辈的人，他看不起曹操的为人，不跟他交往。以后，曹操任司空，总管朝政，讽刺般地问他：『可与交往否？』宗世林回答说：『松柏之志犹存。』

杜预《传》癖　刘峻书淫

【浅释】杜预，晋代人，曾著《春秋左传经传集解》，有独到见解，自成一家。那时候，有个人叫王济会看马，和峤喜难集聚钱财。杜预常常说济有马癖，峤有钱癖。晋武帝问杜预：『卿有何癖？』杜预回答武帝说：『臣有《左传》癖。』〇刘峻是南北朝人，很喜欢读书，常常通宵达旦地读。头发被火烧了，醒来，再读。有好的书，他总想方设法，借来读。崔慰祖说他是『书淫』。

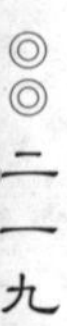

钟会窃剑 不疑盗金

【浅释】三国魏人钟会，跟他的舅舅关系非常好。他的舅舅有一宝剑，交钟会母亲收藏。他能摹仿舅舅的手迹，就写了字给母亲取剑，不再还给舅舅。〇直不疑，汉文帝时为郎官。有次，同宿舍的人回家去，误将他人的金子带走。失金的主人认为是直不疑盗走。他也不加否认，买金还他。回家的人回来后把金子还回，此时失金者甚感惭愧。

桓伊弄笛 子昂碎琴

【浅释】桓伊是晋时人，他笛子吹得很好，江南数第一把手。王徽之的船停泊在轻溪，知道桓伊善笛，但未见过面，就派人邀请他。桓伊听到王徽之的邀请马上下车，为王徽之吹三调。吹毕，上车离开，主客没说一句话。〇陈子昂是唐时人，入京时没得赏识，心里很不愉快。当时有个卖琴的，标价百万，他用车子载钱买下这把琴。大家感到很惊奇，便问为何买下这把琴。他说：『我喜此琴，明日弹奏。』第二天邻里们如期来听他的演奏。陈子昂笑着说：『蜀人陈子昂，有文百轴，不为人知，此琴贱工耳，岂足留心？』举起琴把它打碎，把文轴赠送给大家，于是他名震京师。

琴张礼意 苏轼文心

【浅释】春秋琴牢，字子张，他跟子桑户、孟之反很要好。在子桑户去世时，孔子派子贡去吊唁，只见子张和孟之友，弹琴唱歌。子贡问他们：『敢问临丧而歌、合于礼乎？』二人互相看着笑笑。子贡归，向孔子说了这情形，孔子说：『他们是方外之人，而我们是方内之人。』〇苏轼是宋时的大文豪之一。他的诗文纵横奔放，雄视百世。他对朋友刘景文说：『我生平无快意事，惟作文，意之所到，则笔力曲折，无不尽意，自谓世间乐事，无复逾此。』

公权隐谏 蕴古详箴

【浅释】唐穆宗十分喜爱柳公权的书迹，任命他为右拾遗侍书学士。穆宗问柳公权为什么字写得这么好，柳公权答曰：『用笔在心，心正则笔正，笔正乃可法矣。』那时候，穆宗很荒纵，所以柳公权故意这样说。穆宗变了脸色，领会到他是以笔谏之意。〇张蕴古是唐时人，当时著名人士。唐太宗即位，他写了《大宝箴》给皇帝，劝他要看重和关心人民。说得很确切，也很直爽。

广平作赋　何逊行吟

【浅释】唐玄宗时的宰相宋璟，字广平。为官耿直正派，封为广平郡公。他擅于诗文，皮日休曾为其文集写序。他是这样评价：『广平为相，贞姿劲质，刚态异状，疑其铁肠与石心，不能吐婉媚辞。睹其文，有《梅笔赋》。清秀富艳，得南朝徐庾体，殊不类其为人。』○何逊是南朝时人，扬州法曹参军。府中有一株梅树，他常在这株梅树下吟诗。后来，调任洛阳还想着梅花，故申请再回扬州。杜甫诗载：『东阁官梅动诗兴，还如何逊在扬州。』。

荆山泣玉　梦穴唾金

【浅释】春秋时楚国人卞和，曾获得荆人的璞玉，把它献给厉王。厉王叫玉工辩认，说是石头，结果以欺君之罪，断了他的左脚。后来，他又把这块璞玉献给武王，仍然以欺君之罪，又被断了右脚。文帝即位，卞和在荆山下抱着璞玉啼哭。文王见之，派人问其故。卞和说：『臣非悲断足，臣悲献宝玉而以为石，一片贞心而以为诈。』于是文王受其璞玉命玉工琢之，果然是美玉，故称『和氏璧』。○南康武都县西沿江有石室，称做『梦穴』。传说有个身穿黄色衣服的人，挑两篓黄纸，要求船夫让其搭船渡江，船驶到石室时，黄衣人吐口水在船上，下了船到石室去，起初船夫非常不高兴，见他到石室去，才知道他是神仙。回过头看那船上的唾液，全是黄金。

孟嘉落帽　宋玉披襟

【浅释】孟嘉是晋时人，当时已是较有才名的人了，为桓温参军。九月九日桓温在龙山设宴延请宾僚，他们军服整整齐齐，孟嘉的帽子被风吹落而不觉得。那时，桓温叫孙盛写文章嘲笑他。孟嘉当即寻笔作答，文辞甚为美妙卓绝，大家都非常佩服。○有次，宋玉、景差跟楚襄王游兰台宫。一阵大风吹来，楚王披襟挡风，说：『快哉此风！寡人所与庶人共之。』（庶人，指百姓）。宋玉说：『此大王之风，士庶人安得共之？夫风入于深宫，经于洞房，清清冷冷，愈病析醒，发明耳目，宁体便人，此为大王之雄风。然起于穷巷之间，动沙块，吹死灰。憝悃郁邑，驱风致湿，此谓庶人之雌风也。』。

沫经三败　获被七擒

【浅释】曹沫春秋鲁国时人，可称得上是个勇士，为鲁庄公效劳。齐伐鲁，鲁庄公求和，齐桓公要鲁庄公割地。于

是，两国的国君在柯这个地方会谈。刚走上会谈的地方，曹沫现出匕首劫持了齐桓公，并大声喝道：『归还我鲁国被占去的领土！』齐桓公只好答应还鲁三次败于齐的被占领土。〇孟获是三国时蜀汉建宁人，是彝族的首领。刘备死后，他跟雍闿起兵反蜀。诸葛亮为巩固后方，在建兴三年时平定了南中，杀掉雍闿，对孟获抓了七次，放了七次。孟获只好心悦诚服地投降了。

易牙调味　钟子聆音

【浅释】春秋时齐国国君的宠臣易牙，擅长调味，善于拍马奉承。有次，齐桓公对他说：『我尝遍天下美味，只是蒸婴儿的味道未尝。』易牙听后，就把自己的儿子蒸了后给齐桓公吃，齐桓公认为是野味，大加称赏。〇春秋楚国的钟子期，精通音律，俞伯牙，善于鼓琴。钟子期听他的琴音，意在高山，说：『巍巍乎若泰山，又听琴音志在流水！』说：『荡荡乎若流水！』钟子期死，俞伯牙说世无知音，就把琴弦割断，把琴摔破。一生不再弹琴了。

令狐冰语　司马琴心

【浅释】晋时令狐策做梦站在冰上，跟冰下的人谈话。索紞解释令狐策的梦说：『冰上为阳，冰下为阴，为阳语阴媒介事也，君当为人作谋。』刚刚好田豹太守托令狐策当红娘，为他向张公徵之女求婚，为媒成功，他们至仲春成婚。〇汉司马相如，跟临邛县令王吉非常好。司马相如善于音乐，辞赋。有次，路经临邛，这县有个富人叫卓王孙的宴请司马相如和王吉。宴间，王吉请司马相如弹琴。司马相如知道卓王孙之女文君新寡，就弹了一曲《凤求凰》，以其琴音倾诉心中爱慕之情。卓文君听后心中高兴异常，当晚就跑到司马相如那里去，司马相如就拉住她的手连夜驰归成都。

灭明毁璧　庞蕴投金

【浅释】春秋鲁人澹台灭明，是孔子的弟子。传说他曾经带了价值千金的美玉渡河，河伯想得到这块玉，掀起大波浪，并且叫了两只蛟挟船。澹台灭明对河伯说：『你可以义求，不可以威劫』。于是左手拿着这块玉，右手握剑斩蛟。蛟被斩死，波浪停止。他就向河中投这块玉，连续投了三次，这块玉总是跳起来。于是澹台灭明就毁璧而去。〇庞蕴，是唐代衡阳人。他曾建造一只铁船，把家中的钱藏在这只船里。然后沉没海底。全家都去修行。临死时，他对别人说：『但愿空诸所有，慎勿实诸所无。』

左思三赋　程颐四箴

【浅释】左思，晋时人，曾写《三都赋》。构思十年，门庭篱笆，厕所皆备纸笔。偶有所得，就马上记下来。写成后，送皇甫谧，皇甫谧替他写了序。这本书问世后，大家都争着抄阅，一时洛阳纸张大涨价。〇颜渊问孔子克己复礼之事，孔子说：『非礼勿视，非礼勿听，非礼勿言，非视勿动。』宋人程颐对儒学多有研究，他据孔子之语作视、听、言、动四箴以自警。

十三　覃

陶母截发　姜后脱簪

【浅释】晋陶丹的妾湛氏，家境非常贫寒，生了个儿子叫陶侃。有一天，范逵策马来访。湛氏见天下大雪，立即把床上草垫的草撤下来，给马吃，一面又悄悄地把头发剪掉，换回酒肴，用以请客。范逵得知这情况之后，赞叹地说：『非此母不生此子。』因此就举荐侃为孝廉。〇周宣王曾经起床晚了，耽误了早朝。姜后脱簪待罪长苍，派人传话给宣王：『妾不才，使君王乐色而忘德，失礼而晏起。祸乱之兴，自我而始，愿请罪。』宣王说：『寡人不德，实自生过，非夫人罪。』从此以后宣王便勤于政事了。

达摩面壁　弥勒同龛

【浅释】天竺人达摩大师，本名菩提多罗。南朝梁普通元年来华，梁武帝把他请到金陵，结果却合不来，他就离开金陵到北魏去了，入嵩山少林寺，面壁九年，传法神光（即慧可），圆寂于空相寺。禅宗把他称为天竺禅宗二十八祖、中华初祖。〇弥勒，即弥勒佛，高僧修行，叫『与弥勒同龛』。《淳化阁帖》中写道：『复闻久弃尘滓，与弥勒同龛，一食清斋，六时禅诵，得果已来，将无退转也。』

龙逢极谏　王衍清谈

【浅释】夏桀，非常残暴，滥杀无辜，挥霍国家钱物，而且经常饮酒作乐，通宵达旦。相传他的贤臣关龙逢向他劝谏说：『人君节用爱人，今君用财若无穷，杀人若不胜，民心已去，天命不佑，何不稍改？』桀说：『我有天下，如天之有日，日亡我亦亡。』于是把关龙逢逮捕杀害。〇晋尚书令，太尉王衍，自比作子贡，喜爱清谈，最会讲说老庄的

义理，但随意更换作为己用。世人称之为『口中雌黄』，清谈误国，最终被石勒所杀。

青威漠北　彬下江南

【浅释】卫青，为汉武帝时的大将军，曾七次带兵出击匈奴，屡立大功，威镇漠北。〇曹彬，字国华，曾为后汉，后周做过官，最后在宋任职，官至枢密使。宋太祖征伐江南，曾彬带领行营之师，攻破金陵，活捉南唐后主李煜。

遐福郭令　上寿童参

【浅释】唐太宗时朔方节度使郭子仪，在平息『安史之乱』时，立了头等功。当回纥、吐蕃入侵时，郭子仪说服回纥联合进攻吐蕃，赢得了胜利。曾做过太尉，中书令，第封为汾阳郡王，人称『郭汾阳』，他的八个孩子，七个女婿都是朝廷显要的官员。〇宋代瓯宁人童参，性格敦厚，隐居务农，无所奢求。仁宗元年，他活到一百零三岁，为恭贺其高寿，仁宗赐敕慰劳，授予承务郎。次年他去世。

郗愔启箧　殷羡投函

【浅释】郗超是晋时人郗愔的儿子，年少时像不羁之牛，非常粗野。桓温心怀不轨，想要谋反，郗超为他出谋划策。制定废立计划。郗超未死之前曾把一只箱子交给他的门生：『告诉他，假如我死了，我的父亲要是哭得厉害，十分悲伤的话，你就把这箱子给他。』郗超果真死了，其门生照办。由于他的父亲异常悲痛，就打开箱子，发现里面全是郗超和桓温的来往书信，十分恼怒地说：『小子死晚矣！』然后就不再悲伤了。〇晋建元中豫章太守殷羡，字洪乔。有一次，他回家，郡里的很多人都托他带信。他走到石头城下时，不知什么原因，居然把随带的一百多封信投到了水中，说：『沉者自沉，浮者自浮，殷洪乔不能为人作致书邮！』

禹偁敏赡　鲁直沉酣

【浅释】北宋时有个叫王禹偁的小孩仅九岁就会写文章。有一次，他代父亲给州府官员毕士安送面。此时毕士安正让学生作对，上联是『鹦鹉能言争似凤』。王禹偁从旁听到，应声答道：『蜘蛛虽巧不如蚕。』毕士安听了他的应答，赞叹说：『此儿文章满腹，必当名世。』的确，他后来成了名臣。〇宋代人黄庭坚，字鲁直，学识渊博，特别精通经典史册，擅长作诗文。他曾对人说：『士大夫三日不读书，则义礼不交于胸中，对镜觉面目可憎，向人则语言无味。』

师徒布算　姑妇手谭

【浅释】唐僧师徒远行求法，走到天台国清寺时，只看到寺院内有几十棵松树，门前溪水流淌着。一天，唐僧一行站在门和屏风之间，听见院里的和尚在算筹，师傅对徒弟说：『今日当有弟子远来，求我算法，该已到门。』又拿一算筹说：『门前水当却西流，弟子亦到。』唐僧一行听见算筹后走了进去，叩头请法，门前的水当真向西流了。○唐王积薪随唐明皇出游，有天晚上寄宿在深溪百姓家里。这家里只有婆媳两人。她们帮着解决了食宿。当天晚上，王积薪听到婆婆对媳妇说：『良宵无以为适，与你手谈如何？』（手谈，指下围棋）屋内并没有烛火，不知她们是怎么下的。过了不久，王积薪又听那婆婆说：『你已输了，我才胜九子』。第二天，王积薪去询问老婆婆，她对王积薪阐述了攻守的下法，大有收益。于是积薪的棋艺从此大有进步。

十四　盐

风仪李揆　骨相吕岩

【浅释】李揆，唐肃宗乾元年间任代理宰相，皇帝对他说：『你的门第、人品、文才堪称当今第一，实在是朝廷的表率啊！』唐德宗时，卢杞很忌妒他，让他出使吐番，他到达吐蕃后，吐蕃的酋长们问他：『听说唐朝有称天下第一的李揆，是不是你？』李揆怕被留住，就骗他们说：『那个李揆怎么肯来这儿呢？』他返回到风翔，不久就死去了。○唐朝的吕岩，他喜欢戴华阳巾，穿黄白细布做成的圆袖大领衣服，系青黑大腰带，就象汉代的张良。还在婴孩时，高僧马祖见了他说：『这孩子外相仪貌非常，以后遇见庐就会居住下来，遇见钟就会叩头，希望留心记住。』吕岩后来中了进士，任德化县令。有一天他独自游玩庐山，遇到汉代钟离仙人，给他传授剑法，得到九九阴阳算法，号纯阳子，成仙而去。

魏牟尺继　裴度千缣

【浅释】魏牟面见赵王，赵王正让工匠制王冠。赵王问他治理国家的办法。他说：『大王如能关心和重视国家像这二尺之缍一样，国家就定能治理得好。』赵王问：『社稷至重，怎能与尺缍相提并论？』魏牟答：『大王制冠决不用亲近之人，而求能工巧匠，那是怕冠做得不好。现在治理国家不求良士贤能，而任用私爱，岂非轻国于尺缒吗！』王

无言答对。缍：古时束发的帛。○皇甫湜，字持正，擅写散文，元和元年进士，宰相裴度辟为东都判官。裴度修福先寺，想请白居易撰写碑文，皇甫湜怒曰：『近舍湜而远征居易，请从此辞！』裴度表示了歉意。皇甫湜即酣饮，提笔立时完成。裴度送给他许多报酬，他以为太少，说：『自我为顾况集作序，未尝答应别人作文。现在这碑字三千，一字按三缣算，为什么给这么少呢？』裴度笑着说：『不羁之才也。』于是根据他的开价给了他九千缣。缣：细绢。

孺子磨镜　麟士织帘

【浅释】汉代徐稚字孺子，曾事江夏黄琼。黄琼死，他前去参加葬礼，但他家贫苦无盘缠，便带了磨镜工具前往。一路上他为人磨镜，取得报酬作路费赖以前往。后来，别人有丧事都不敢告诉他。他事后知道了，虽赶不上入殓，但即使有万里之遥，也还是具鸡酒前去祭奠。奠毕就回，也不去见死者家属。○沈麟士字云祯，南朝梁人，家贫，以织帘为业。他边织帘边读书，手口不息，乡里称他为『织帘先生』。他常常因为没有书读而苦恼。后来他有机会游京城，历观所藏四部，博通经史，却不与人来往。回家后他又尽心抚养死去的哥哥的孤儿，乡里称道他的义气。他隐居余杭山中讲授经学，从学者数百人。后来家里遭了火灾，藏书尽毁，年八十，犹于灯下手录数千卷。

华歆逃难　叔子避嫌

【浅释】华歆字子鱼，少与管宁、邴原同学，时号一龙，即歆龙头，宁龙腹，原龙尾。东汉末，华歆为豫章太守。魏文帝拜他为相国，封安乐乡侯。早先，华歆与王朗乘船避难。有一人欲搭乘，华歆表示为难。王朗说：『这船上还有余地，为什么不让他上呢？』后贼追至，王朗想丢下那人，华歆说：『原先犹豫的就是为这，既已搭乘，怎么可以危急中相弃呢？』便开船与那人一起逃难。○颜叔子是战国时鲁国人。独居一室。一天夜晚大雨，邻舍屋塌，邻居寡女来敲门请求让她进屋避雨。颜叔子想，男女同处一室不方便。于是就让她手持蜡烛独坐待旦。燃完再换一支，直到天明。

盗知李涉　虏惧仲淹

【浅释】李涉，唐朝人，有诗才，隐居不仕。有次李涉路过皖口时遇上一群强盗。强盗首领了解李涉的为人，便说：

『既然是李博士，不用抢夺钱物了。久闻你的诗名，请相赠一首吧。』李涉题了一首七言绝句，诗云：『风雨潇潇江上树，绿林豪客夜知闻。相逢不用相回避，世上而今半是君。』强盗首领高兴地说：『说得确实好。』说罢笑着离去。〇北宋范仲淹曾镇守延安，他号令严明，爱抚士卒，深得将士拥戴。西夏王元昊起兵反宋，但西夏人互相告诫说：『不要去进攻延州。这小范老子运筹帷幄，胸中有数万甲兵，不象大范老子那样可以随便欺哄。』范仲淹曾与韩琦一起带兵，称为韩范。当时流传着这样的口歌：『军中有一韩，西贼闻之心胆寒；军中有一范，西贼闻之惊破胆。』大范，指范雍，他曾在范仲淹之前镇守过延安府。

尾生岂信　仲子非廉

【浅释】《庄子·盗跖》记载：尾生与一女子约会于桥下。女子未来，而河水暴涨，他仍然不肯离去，最终抱着桥柱而淹死。后人便以『抱柱』为坚守信约的典故。庄子认为他是为名而轻死，说不上『信』。〇陈仲子本名陈定，战国时齐国贵族。在《孟子·滕文公》中，匡章认为他是廉士，居于陵。有一次，他三天没吃东西，虚弱得耳听不见，眼看不见。后来他发现井边有一颗李子，已经被虫吃了一大半。他爬着去吃了它，然后耳目才渐渐清楚。世人认为他不苟食，孟子则认为他不能算廉。他的操行充其量不过像蚯蚓，上食土、下饮泉而已。

由餐藜藿　鬲贩鱼盐

【浅释】仲由字子路，一字季路，春秋人，孔子门生。他有勇力，少贫贱：自食藜藿，常远行从百里之外背米回家供奉双亲。后南游于楚，从车百乘，积粟万钟，列鼎而食。但此时他的双亲已经病故。他感慨道：『想吃藜藿，为亲背米，不可复得矣。』孔子评论说：『由也事亲，可谓生事尽力，死事尽哀者矣。』藜藿：野菜。〇胶鬲是商朝末年人，他见世乱，便以贩鱼盐为业。周文王知其贤，把他荐举给纣王。武王伐纣，纣派人候周师于鲔水，问周师何时至殷郊。武王告以甲子日。后遇大雨，武王则日夜兼程行军不止。他说：『我将去救胶鬲于死地。』

五湖范蠡　三径陶潜

【浅释】范蠡是楚国人，春秋时为越国大夫。他辅佐越王勾践发奋图强，报会稽之战失败之耻，终于灭了吴国。他深知勾践的为人只能共患难，不能同安乐。于是便携西施泛舟五湖。后浮海入齐，改名鸱夷子皮。到陶称朱公，经商致

富，人称陶朱公。○陶渊明性格清高不羁，不为五斗米折腰。他辞官归里后写的《归去来兮辞》有『三径就荒』之语，写他所居的柴桑旧宅，蒿莱满径，荆棘塞门的荒凉景况。

徐邈通介　崔郾宽严

【浅释】徐邈，字景山，三国魏人，曾为尚书郎。一次他违禁饮酒至醉。醉中赵达问他曹操是何等样人，徐邈答：『算中圣人。』后来有人问卢钦：『徐公当武帝之时，人以为通，自凉州还京师，人以为介，为什么？』，卢钦回答：『过去毛孝先、崔季硅用事，贵清素之士，人都变换他们的车服，以求名高，徐公不改其常。所以人以为通。等天下风气奢靡，人们竞相仿效徐公依然故我，不与俗同，所以人以为介。』○崔郾，字广略，唐宪宗朝任谏议大夫。敬宗朝为中书舍人，迁礼部侍郎，出为虢州观察使。后改鄂、岳等州观察使，恤民捕盗，颇有政绩。治虢以宽，整月也不鞭笞一人；治鄂则严法峻诛，一概无赦。人问原因，他答：『陕土地贫瘠，百姓贫而劳，吾抚恤还来不及，犹恐骚扰他们。鄂土地肥沃，百姓强悍，杂以夷俗，不用威，无法治。为政贵在知变呀。』

易操守剑　归罪遗缣

【浅释】王烈，字彦方，东汉人。少师事陈湜，以孝义著称。乡里有盗牛者，被王烈抓到。盗者请罪说：『甘愿受刑，但求勿使王彦方知道。』王烈告诉他自己就是王彦方，并送了他一块布。后有老人失剑于路，一人拾到后守候在那里，直到失主来领回，那个拾剑、还剑的人就是先前的盗牛者。有不少争讼者找王烈评判，常常半途而返，或望见他的住房就和好如初了。○陈寔，字仲弓，东汉人。一次小偷夜间爬进他房间，藏在屋梁上。陈寔看见后，就从床上起来，穿好衣服，铺好床褥。然后叫来子孙，对他们说：『不善之人，未必本性恶。习惯成自然，才至于此。那个梁上君子就是。』小偷吃惊得掉到地上，稽首认罪。陈寔说：『应是贫困所致，送给他两匹缣吧！』

十五　咸

深情子野　神识阮咸

【浅释】晋人桓伊，字叔夏，小字子野，或称野王，工于音乐，笛子吹得非常好。他每次听见唱歌时没有伴奏，总是说：『怎么能这样呢？』他对音乐是特别喜好的。谢安曾赞叹道：『子野可谓一往有深情』。○晋人阮咸，通晓音

律，听力特别敏捷。宴会上，荀勖叫人弹奏制造的乐器，他说音调不准。荀勖听后，非常生气，就把他贬为始平太守。后来，有个耕田的人拾获周时的玉尺。荀勖用它校对所制作的乐器，发现确实短了一黍。所以才钦佩阮咸的辨音能力。

公孙白纻　司马青衫

【浅释】公孙侨，字子产，是春秋郑国大夫。吴国使者季札出使鲁国，顺道访问齐、郑、晋、卫这几个国家。他在郑国时遇见了子产，就像老相识，把缟带赠送给子产，子产用纻衣回赠他。各自赠送对方所珍贵的东西。〇唐诗人白居易，被贬谪为江州司马。一天晚上，他送客到浦口，听见从邻船传来的琵琶声，非常感动，他问知是长安故妓所奏。所以，他作了《琵琶行》一诗，诗的最后一句是：『座中泣下谁最多，江州司马青衫湿。』

狄梁被谮　杨亿蒙谗

【浅释】唐时人狄仁杰，曾有功而在去世后被封为梁国公。武则天曾对他说：『卿在汝南，有谮卿者，欲知之乎？』狄仁杰谢道：『陛下以臣有过，臣当改之；以为无过，臣之幸也。彼谮臣者，臣不愿知。』〇宋时人杨亿，遭到很多人的嫉妒，不断地攻击他。杨亿把谢罪表呈给皇上，说：『已落沟壑，犹下石而未休；方因蒺藜，尚弯弓而不已！』

布重一诺　金慎三缄

【浅释】季布曾任河东太守，低毁曹丘是窦长君所生。曹任就对他说：『楚人谚曰：「得黄金百斤，不如得季布一诺。」足下为何能得此名？我到处出游，扬先生之名于天下，先生何故憎我？』季布听了曹的话后，非常高兴，并赠给他很多东西。〇孔子走进后稷庙，见到一铜人，三次想说，都没说，后来就在这铜人的背上刻上铭文：『古之人慎言：毋多言，多言多败；毋多事，多事多患。安乐必成，无所行悔。』

彦升非少　仲举不凡

【浅释】南朝梁时文学家任昉，字彦升，非常聪慧，八岁时就会写文章。长大后，善于写表、奏之类的文章，那时有『任笔沈诗』之称（任，即指任昉，沈，指沈约）。褚彦回曾对他的父亲说：『卿有令子，相为喜之，所谓百不为多，一不为少。』从这以后，任昉的名声就更大了。〇东汉时汝南人陈蕃，字仲举。他从小聪颖过人。十五岁时，有

次他替父亲给薛勤送信，薛勤相当喜欢他。第二天，薛勤特地去他家，陈蕃的父亲出来相迎。薛勤对他的父亲说：『先生有不凡之子，我特地来见。』说完这番话后，看到陈蕃家庭院荒芜，就问他：『孺子何不洒扫以待宾客？』陈蕃笑着答道：『大丈夫应当扫除天下，岂扫一家一室！』薛勤听完后，更感觉这小孩子不平凡，并和他谈论了一整天。

古人万亿　不尽兹函

【浅释】这八个字的含义是：古人有许多许多，他们的事迹和故事也有很多，也不是本书全能包含的。做学问，需要博览群书，因此说只读这本书是远远不够的。